AF561285

Collection Pierre Barboutau

Paris · MCMIV ·

Cet Ouvrage a été tiré à 1000 Exemplaires dont 500 sur vélin numérotés 1 à 500 et 500 sur alfa, 501 à 1000.

EXEMPLAIRE N°

COLLECTION P. BARBOUTAU

&

PEINTURES -- ESTAMPES

et Objets d'Art

DU JAPON

DONT LA VENTE AURA LIEU LE 3 JUIN ET JOURS SUIVANTS
A L'HOTEL DROUOT, SALLE N° 8

Commissaire-Priseur : Mᵉ P. Chevallier, 10, rue Grange-Batelière
Expert : M. S. Bing, 22, rue de Provence

EXPOSITIONS

PARTICULIÈRES : Chez M. S. BING, du 18 au 29 Mai
(Les Dimanche et Lundi de la Pentecôte exceptés)
Et à l'Hôtel Drouot, le 1er Juin | Salles 7 et 8
PUBLIQUE : A l'Hôtel Drouot, le 2 Juin | de 2 heures à 6 heures

Paris, 1904

COLLECTION
PIERRE BARBOUTAU

COLLECTION
PIERRE BARBOUTAU

BIOGRAPHIES
des ARTISTES JAPONAIS dont les Œuvres figurent dans la
COLLECTION PIERRE BARBOUTAU

Tome Ier

PEINTURES

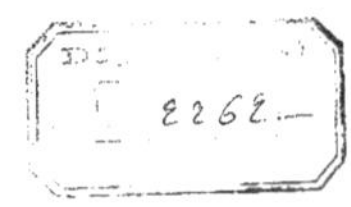

2262

A PARIS

Chez S. BING
22, rue de Provence
19, rue Chauchat

Chez L'AUTEUR
70, rue Saint-Louis
En-l'Ile

MCMIV

LA COLLECTION P. BARBOUTAU

Monsieur Pierre Barboutau conquiert d'emblée la célébrité dans le triple monde des amateurs, des savants et des artistes, par la vente d'une collection admirable et par la publication d'un catalogue qui demeurera comme un document et un monument tout à la fois. L'honneur d'attacher son nom au livre est une haute compensation au chagrin de se séparer des œuvres. Il y a là un trait spécial d'une disposition d'esprit qu'il n'est pas exagéré de qualifier d'héroïque et qui vaut la peine d'être conté, devant que l'on tourne les feuillets du présent Vasari de l'Ouki-yo-é. Les amoureux d'art, qui sont les plus passionnés de tous les amoureux, nous approuveront alors d'avoir employé un tel terme, toujours un peu étonnant à une époque où il a si peu d'occasion d'être appliqué. Comme nous, sans aucun doute, ils admireront Monsieur Barboutau pour son audace, autant qu'ils sympathiseront avec lui dans son renoncement.

Si nous ne craignions pas que l'on nous soupçonnât de chercher quelque paradoxe et que l'on nous reprochât de faire précéder un spectacle imposant d'une ouverture frivole, nous dirions volontiers qu'un des signes et un des garants de la beauté et de la valeur de cette collection est qu'elle avait été jusqu'ici à peu près complètement ignorée dans le monde qui s'agite autour des possesseurs d'œuvres d'art.

A Paris, il passe pour aussi impossible de posséder à soi seul une très belle femme qui ne devienne une proie pour tous les regards, que de faire sa joie, dans l'ombre, d'une riche collection qui ne soit longtemps à l'avance guettée par les marchands ou les rivaux, et, en attendant, explorée, disséquée, cataloguée, soupesée par les mains expertes de la Curiosité aux cent bras, analysée par les fouilleuses prunelles de la Concurrence aux cent-z-yeux. Pas une œuvre qui en vaille la peine, semble-t-il, n'a pu se soustraire à ce singulier mélange d'enthousiasme et d'envie, de jalousie et d'affection, d'exquise courtoisie et de violents désirs de conquête, qui donne lieu, devant le collectionneur ravi et inquiet, à tant de délicieuses comédies. Les meilleurs gardiens de ces bergeries savent, et même les plus vigilants, ceux de l'humeur la moins accommodante et de l'abord le plus rébarbatif, combien il est difficile de les préserver de la trop flatteuse visite des renards et des loups.

Eh bien, pourtant, ce prodige existe, car tout est possible en cette Ville, et de même que, dans des quartiers ignorés, il est d'admirables femmes, chèrement choyées, luxueusement parées, qui demeurent insoupçonnées du public des premières, des pesages et des vernissages, de même il est des collections révélatrices, qui deviennent tout d'un coup des collections révélées. La réunion que Monsieur Pierre Barboutau avait formée d'un nombre surprenant de peintures des plus grands maîtres japonais, d'un recueil des plus rares estampes, et d'un certain nombre d'objets de bon aloi, est une de ces déconcertantes exceptions, une de ces heureuses surprises. Pendant des années, celui qui avait été cueillir au jardin même des Hespérides une abondante récolte de ces pommes d'or, j'entends arracher au Japon même tant d'œuvres instructives ou magistrales, n'a pas éprouvé le besoin de les faire briller à d'autres yeux qu'à ceux d'un nombre très restreint de discrets amis, également capables de ressentir une admiration de la qualité de la sienne, et de garder la confidence de projets qu'il voulait ne faire connaître et réaliser qu'à son heure. Ces projets étaient louables entre tous, car ils consistaient en une œuvre d'enseignement et de diffusion particulièrement utile et profitable : écrire l'histoire détaillée, complète, précise et imagée des grands artistes des écoles populaires et classiques. Monsieur Barboutau, lors de ses voyages en Extrême-Orient, qui remontent déjà à un nombre d'années suffisant pour le mettre au rang des précurseurs, avait été frappé en même temps de la beauté, de la grandeur, de la diversité de ces génies du mouvement et de la couleur, et de la rareté et de l'insuffisance des renseignements que nous possédons à leur sujet. La première remarque fit de lui un collectionneur heureux. La seconde l'a amené à devenir un historien opportun.

Le collectionneur, on ne va pas tarder à connaître et à apprécier ses victoires. Il arrivait encore à l'âge d'or, au moment où les œuvres vraiment précieuses commençaient à sortir de l'obscure poussière des réserves et succédaient aux trompeuses pacotilles qui furent longtemps chez nous la seule formule de l'art japonais. Comme il avait l'instinct, le coup d'œil, et que ses occupations le mettaient à même de puiser aux bonnes sources, il put recueillir avec simplicité des pièces capitales. De retour à Paris, il entra dans la méditation et la joie, au milieu de tant de bons souvenirs de voyage. Seulement, en voulant approfondir l'histoire de ces œuvres et celle de leurs auteurs, il vit que les travaux d'ailleurs si remarquables et si brillants des écrivains et des amateurs français sur la question présentaient de grandes lacunes. Rien d'étonnant à cela ; je n'ai pas besoin de redire ici le renom que se sont acquis, par leurs essais de détail ou d'ensemble, nos historiens, nos critiques et nos amateurs d'art japonais ; mais l'histoire est un terrain qui ne se défriche pas en un jour. Il faut, pour le labourer, et le faire fructifier, des instruments de plus en plus perfectionnés. Monsieur Barboutau résolut de doter la critique française d'un de ces instruments de précision. Il commença de rassembler les éléments d'une histoire des grandes écoles et de l'Ouki-yo-é, composée de matériaux exclusivement japonais, de même qu'il avait rassemblé les œuvres typiques, les exemples précieux capables d'illustrer merveilleusement cette histoire.

La traduction des documents japonais ne fut pas la plus grande difficulté pour cet homme passionné et courageux : il avait pris la précaution, pendant son séjour au Japon, d'en étudier la langue, idée bien simple, mais qui cependant ne vient pas à tout le monde. Il lui fallut plus de temps pour introduire de l'ordre et de la clarté dans ces notices et pour les contraindre à se plier à nos méthodes d'esprit : il ne paraît pas absolument indispensable au Japonais de commencer l'histoire d'un peintre par la date de sa naissance ; c'est un détail qui peut s'omettre, ou se placer à la fin. Bien d'autres difficultés de ce genre rendent très malaisé un travail qui ne soit pas pour nous la confusion même, c'est-à-dire l'inutilité. Mais il surgit, une fois ces premiers obstacles vaincus, des oppositions singulièrement plus cruelles, et c'est ici que commencent les faits que nous avons taxés de pur héroïsme. Monsieur Barboutau s'aperçut que la publication telle qu'il la rêvait, et qui ne pouvait rendre les services attendus qu'à la condition d'être exécutée telle qu'il la rêvait, nécessitait des dépenses considérables. Il constata aussi que les éditeurs français sont peu disposés à encourir de tels frais et de tels risques, même pour la gloire d'une des plus belles écoles qui aient enrichi d'œuvres précieuses le patrimoine humain. Mais ce n'étaient encore que les vérités les moins pénibles. Elles le menaient tout droit à cette troisième : qu'il ne pouvait réaliser son œuvre qu'en faisant les acrifice de sa collection. Ainsi cette collection, qui lui avait donné les bonheurs que l'on comprendra lorsqu'on l'aura vue, lui fournissait à la fois les matériaux d'un travail qui sans doute était fort glorieux pour son auteur, et les moyens d'acquérir cette gloire en prenant malgré soi congé de compagnons profondément chers. Telle est la situation : elle se retrouve dans les poèmes antiques et dans les tragédies.

Il faut même convenir de ceci, qu'une fois le problème posé de publier un tel travail et de l'illustrer avec de tels éléments, il était presque nécessaire d'aboutir à la dispersion de la galerie. Les exemples prennent une force beaucoup plus grande en se séparant qu'en demeurant groupés chez un seul particulier. Le partage entre le Louvre, les grands musées étrangers, les grandes collections, qui à leur tour enrichiront les musées, donne aux œuvres leur consécration. Elles ne commencent à exister pour l'histoire qu'après avoir passé par un plus grand nombre d'asiles. Les collectionneurs le savent bien, qui paient plus cher les pièces ayant appartenu à plusieurs devanciers ou rivaux célèbres, et les musées le savent aussi qui préfèrent celles qui ont de tels titres de noblesse à celles qui n'ont encore pour tout état civil que le stage chez un marchand. De toute façon, Monsieur Barboutau se trouvait conduit à cette séparation, en vertu d'une loi très dure, mais qui est une loi.

Voici donc, et le livre, et la collection qui se présentent aux suffrages. De la collection, l'on peut dire, sans la plus légère emphase, que jamais on n'avait encore vu passer en vente un tel ensemble de peintures. Depuis la radieuse exposition du Temple d'Or en 1900, on a sans doute vu de très grandes ventes d'art japonais. Il est inutile de les rappeler. Mais nulle d'entre elles ne faisait à la peinture aussi ample et aussi opulente place.

La collection Barboutau ne nous montre pas de peintures des primitives écoles boudhique ou de Takouma. On ne fait de collections vraiment satisfaisantes et puissantes qu'en concentrant son effort sur un domaine déterminé. Ici ce sont les écoles aristocratiques et l'Ouki-yo-é qui règnent depuis les origines jusqu'aux derniers moments notables.

Quelques beaux spécimens de l'école chinoise ouvrent la marche avec Ses-shiou, avec So-a-mi. Puis viennent des œuvres précieuses des Ka-no : de Moto-nobou, de Sho-yeï, de Tan-niou, de Nao-nobou, de Tsouné-nobou. Une incomparable série de peintures représentant des faucons, pièces qui sont vraiment de la quintessence d'art japonais, mettent chez nous pour la première fois à leur plan les noms de So-ga Tchokou-an, du fils de celui-ci, et de Ha-sé-gava Tô-hakou. Que dire de la façon dont est ici représenté Ko-rïn, ainsi que Kën-zan, et les précurseurs de ceux-ci, Ko-yetsou et So-tatsou? Rien, sinon qu'il faut admirer en silence ces maîtres du décor, ces grands-prêtres de la fleur, et ne pas montrer la témérité de mettre en comparaison nos pauvres phrases avec leurs richissimes couleurs. Puis on voit déjà poindre la magnifique poussée de nature et de vie de l'Ouki-yo-é, avec ce chef-d'œuvre, le grand paravent en deux parties, représentant le Fouji-yama, œuvre révélatrice de To-sa Mata-be-é, peinture riche, majestueuse, unissant la rude candeur d'un primitif et la libre verve d'un maître moderne. Ho-itsou, O-kio, So-zën, It-cho, vrai maître populaire par définition même, sont encore au nombre des triomphateurs ici, et Hiro-shighé, Hokou-saï sont représentés par de valables spécimens.

Le spectacle se continue et se complète par une réunion d'estampes qui sera non moins féconde en révélations, en enseignements nouveaux, en rares joies de tirages et en imprévu de compositions. Les Tori-i, Masa-nobou, Moro-nobou; puis le délicieux Harou-nobou; puis Kyo-naga qui donne du grandiose à la sveltesse; puis le luxuriant Ko-riou-sai; puis Sha-rakou, représenté ici par des pages insoupçonnées, entre autres, par les précieux originaux de tout un livre non gravé; Hiro-shighé, avec pareille bonne fortune de superbes estampes en puissance, c'est-à-dire du travail même de la main du maître, sans le contact de l'acier implacable et fécondant du graveur; enfin Outa-maro et Hokou-sai, avec des épreuves et des séries assez belles et assez rares pour qu'il soit tout à fait superflu d'en faire l'éloge.

Tels sont les éléments de ce grand ouvrage qu'est le catalogue Barboutau, et cet ouvrage est tel que vous le voyez, composé par un homme instinctif et passionné, ouvrier de son propre et vaste savoir. Livre tout à fait exceptionnel par son contenu comme par son aspect, ses multiples notices entièrement neuves pour nous, son répertoire considérable de faits, de noms, de dates, d'explications de toute sorte. Livre-histoire et livre-musée en même temps, où la perfection des reproductions n'a point à souffrir du voisinage de la typographie et de la mise en pages, où la floraison du caractère, l'arrangement du texte, l'art de la proportion, de la grâce et de la convenance qui s'affirme dans le moindre détail, tout est en harmonie avec la beauté des maîtres que l'on commente et que l'on glorifie, avec le goût qui a réuni leurs œuvres, avec le sentiment si élevé enfin, qui consent et préside à leur dispersion.

ARSÈNE ALEXANDRE.

AVANT-PROPOS

Parmi les ouvrages consacrés par les Japonais à l'histoire de leurs peintres, nous avons choisi, pour en faire les matériaux de la présente compilation, les trois plus complets entre les plus récents dont nous ayons entendu parler.

Ces ouvrages sont :

A. — Le HON TCHO GWA KA JIN MEI JI SHO (Encyclopédie des peintres nationaux), ouvrage rédigé par Ka-no Hisa-nobou, en collaboration avec Ko-hitsou Ryo-etsou, expert en peintures anciennes — préface par les professeurs Ko-naka--moura Kyo-nori et Kouro-kava Ma-yori; — édité le 6ᵉ mois de la 26ᵉ année de Meï-dji (juin 1894). 2 volumes.

B. — Le NI-HON BI-JOUTSOU GWA-KA JIN MEI SHO DEN (Beaux-arts du Japon; précis historique sur les peintres), rédigé par Hi-goutchi Boun-jan — préface par Kava-moura Teï-jan — édité à la fin de l'automne de la 25ᵉ année de Meï-dji (1892). 2 volumes.

C. — Le ZO-HO OUKI-YO-É ROUI-KO (Essai sur les peintres vulgaires), revu et augmenté par Hon-ma Mitsou-mori; édité à To-kio le 10ᵉ jour du 6ᵉ mois de la 22ᵉ année de Meï-dji (10 juin 1889). Nouvelle édition de mai 1890 (1).

Nous avons traduit ces livres aussi littéralement que possible; puis nous les avons fondus ensemble, nous contentant d'éviter les répétitions. Certains détails de la vie des artistes se trouvent reproduits, parfois même identiquement, dans deux des livres ou dans les trois. Lorsqu'un même fait est rapporté diversement ou contradictoirement par plusieurs de nos auteurs, nous donnons les traductions différentes ou opposées, tantôt dans le texte lui-même, tantôt, lorsque cela nous a paru plus commode pour le lecteur, dans les notes dont nous avons accompagné l'étude consacrée à chaque peintre. Nous avons choisi pour base de notre travail le livre A, entre les phrases duquel nous avons intercalé, aux places que nous avons jugées les meilleures, les détails fournis par les autres ouvrages (2). Nous avions, pour nous laisser guider par le livre A, deux motifs vraiment sérieux : 1° Il est le dernier paru, et ses auteurs se sont certainement servis des deux autres. 2° Il est le mieux écrit et le plus clair; il est aussi le plus complet, et c'est même lui qui nous donne le plus grand nombre de noms de peintres vulgaires. A la vérité, le livre A a omis des détails qui nous semblent à nous très intéressants; mais il est le seul à parler d'un grand nombre d'artistes et, si parfois il n'en dit qu'un mot, il les cite tout au moins et les rapporte à une école. Ce livre est évidemment un ouvrage à tendances officielles, écrit par des personnes appartenant à l'enseignement officiel; mais c'est en même temps une encyclopédie des peintres japonais. Si les écoles officielles To-sa, Ka-no, Shi-jo, &c., y tiennent la place importante, cela est dû à ce que ces écoles ont toujours trouvé des annalistes soucieux de conserver soigneusement leurs traditions. Les rédacteurs du livre A n'eurent donc qu'à puiser dans les annales scolaires pour écrire la vie des peintres officiellement consacrés; et il faut leur être d'autant plus reconnaissants de nous avoir donné les noms et la généalogie artiste des peintres vulgaires (souvent même, comme nous l'avons dit, mieux que le livre vulgaire lui-même), malgré la difficulté qu'ils ont pu rencontrer dans le contrôle de traditions vagues, presque légendaires parfois, comme tous les récits populaires. Certes, ces auteurs du livre A n'ont pas eu un médiocre mérite à mener à bien ce travail; car il leur a fallu, pour écrire avec la sincérité et l'impartialité qui frappent dans leur ouvrage, faire abstraction d'une éducation hautaine qui devait leur inspirer quelque dédain à l'égard de peintres épris d'un esthétique amour pour

(1) Nous parlerons du livre A tout à l'heure, dans le courant de cet avant-propos.

Le livre B nous a grandement servi pour compléter notre travail. Il indique souvent des œuvres de nos artistes non mentionnées dans A et C. Nous lui devons aussi quantité de détails précieux sur les peintres et sur leurs cachets.

Le livre C, révision et augmentation d'autres travaux analogues précédents, bien que fort incomplet encore, est pour nous néanmoins d'un réel intérêt; parce qu'il est le dernier ouvrage sérieux consacré aux artistes vulgaires (peintres et poètes). Il donne souvent la liste des principaux ouvrages de ces artistes. C'est le moins récent de nos trois documents puisqu'il est de 1889, que B est de 1892 et A de 1894.

(2) Mais nous ne nous sommes pas astreint à suivre servilement, dans chaque étude, l'ordre des faits tel qu'il a été adopté par les écrivains japonais. Ceux-ci ne se croient nullement obligés de commencer leur récit à la naissance d'un artiste pour le terminer à sa mort; ils vont et viennent par bonds constants en arrière et en avant, avec une fantaisie dont l'art nous échappe et qui fatiguerait certainement le lecteur européen. Nous avons donc rétabli l'ordre naturel des faits dans notre traduction, très fidèle d'ailleurs, en ayant soin de n'omettre aucun détail.

les courtisanes, les acteurs et toute la foule grouillante des rues. Nous ne nous étendrons point sur les livres B et C. Les notes correspondantes aux titres de ces ouvrages les ont fait suffisamment connaître en principe. En parcourant notre travail, le lecteur se rendra facilement compte par lui-même de leur sérieux intérêt et des services qu'ils nous ont rendus; nous avons tenu toutefois à expliquer les motifs qui nous ont fait choisir le livre A pour guide.

Deux questions se posent ici, que nous ne prétendons point avoir résolues d'une façon définitive : nous voulons parler des dates et de l'orthographe adoptées par nous. Les dates ne semblent point avoir pour les Japonais l'importance que nous y attachons. Parfois, ils négligent complètement de les donner; parfois, hélas! ils les donnent sans les avoir assez rigoureusement contrôlées; rien ne les gêne moins, par exemple, que de faire vivre un fils cinquante ans avant la naissance de son père. Cela n'a pas laissé que de compliquer un peu notre travail. Ces erreurs, que l'auteur avait commises en son indifférence, nous les avons discutées dans les notes. Pour orthographier les mots japonais, nous avons naturellement choisi les lettres, les consonances de notre langue, qui nous ont semblé devoir traduire plus justement la prononciation japonaise à des oreilles françaises. Toutefois, nous nous sommes servi du sh anglais qui, phonétiquement, est à peu près l'équivalent de ch (nous avons conservé ch pour l'allier au t dans la consonance tch). Lorsque nous écrivons Shoun-sho, on devra dire : Choun-cho; et pour Tcho-shioun : Tcho-chioun. Nous employons encore britanniquement le w devant l'a ou l'o pour qu'on dise oua, ouo (sans appuyer sur ce son ou, d'ailleurs); Yasou-wo se prononce : Yasou-ouo. S sera toujours sifflé durement (1) à la façon d'un ç. Masa, hisa, fousa seront prononcés : maça, hiça, fouça; Ses-shiou : Cèç-chiou; sën-nïn : cène-nine. Ce dernier exemple nous montre en même temps deux autres règles de la phonétique japonaise : 1° e (sauf dans les finales où il prend habituellement un accent aigu : é) se prononce comme s'il portait un accent légèrement grave : è. 2° e n et i n doivent, sans exception aucune, être prononcés comme s'il y avait ène ou ine. (le son in n'existe pas dans la langue japonaise). Pour rappeler cette règle, nous avons cru bon d'écrire : ën et ïn. Si le lecteur en éprouve parfois quelque surprise, la prononciation de certains noms, comme Ko-rïn et So-zën, étant bien connue du public actuellement, en nombre d'autres cas il nous saura gré, croyons-nous, de lui avoir fait éviter une faute. Quant à a n, o n, il faut toujours les prononcer an et on, jamais ane ou one. C'est également pour faciliter la prononciation des noms (ou des mots) japonais, que nous les avons divisés par des traits d'union, en autant de parties qu'il comptent de caractères. Prenons comme exemple le nom de Hokou-saï, devenu familier entre tous. Il est formé de deux caractères « Hokou » et « saï »; nous l'écrivons donc en deux parties, reliées entre elles par un trait d'union : Hokou--saï (2). Cet usage graphique nous a permis parfois de différencier des noms d'artistes souvent confondus; comme dans le cas de Mata-bè-é, et de Mata-heï. A l'encontre de plusieurs auteurs japonisants, dont nous respectons l'opinion sans pouvoir la partager, nous n'écrivons point ces deux noms de la même manière. Car si le premier caractère est le même pour les deux, le nom de l'illustre Mata-bè-é de To-sa (fondateur de l'" Ouki-yo-é ", qui vivait au seizième siècle) compte trois caractères; et le nom du caricaturiste Mata-heï (artiste du dix-septième siècle, créateur du genre " O-tsou-yé " — dessin de O-tsou —) ne comporte, au contraire, que deux caractères.

Nous avons dit que notre traduction était accompagnée d'un grand nombre de notes. Nous les avons mises, soit pour tenter d'éclaircir des points litigieux, soit pour expliquer certains mots ou conter quelques anecdotes. Nous avons donné aussi, lorsque nous l'avons jugé utile ou seulement curieux, des traductions de morceaux littéraires dus soit aux artistes biographiés, soit à des écrivains qui donnaient sur eux d'intéressants détails.

Il ne nous reste plus qu'à expliquer la manière dont nous avons cru devoir classer les différentes écoles de peinture du Japon. Ne possédant point d'œuvres sorties des écoles bouddhiques ou de celle de Takouma, nous commençons notre classification par l'école chinoise, représentée dans notre collection par deux artistes illustres : So Ses-shiou et Shïn-so So-a-mi.

Vient ensuite celle de To-sa, avec un seul artiste : To-sa Mitsou-oki. Car To-sa Mata-bè-é, dont nous ouvrirons l'œuvre à une page si magistrale, ne saurait être placé dans cette école qui l'a formellement excommunié; nous l'avons mis à la tête de l'école vulgaire " ouki-yo-é ", dont il est bien le véritable fondateur.

Ka-no, qui suit To-sa, est très largement représenté dans plusieurs de ses branches principales (cette école comprend treize branches). Nous pouvons, en effet, étudier la première branche, celle qu'on appelle " Naka-bashi Ka-no ", avec le vieux Ka-no Moto-nobou (celui que les Japonais nomment Ka-no tout court; voulant exprimer ainsi qu'il est le maître génial de l'école, celui qui en a nettement formulé toute la manière) et son illustre fils Ka-no Sho-yeï; la seconde branche " Ka-dji bashi Ka-no " avec Ka-no Tan-niou et son frère Ka-no Yasou-nobou; la troisième " Ko-biki tcho Ka-no avec son fondateur Ka-no Nao-nobou (frère des précédents), son fils Ka-no Tsouné-nobou et bien d'autres encore; la cinquième, " Shoun ga daï

(1) Et c'est pourquoi, contrairement à l'usage, nous avons écrit So-zën.

(2) Peut-être remarquera-t-on que nous refusons de nous plier à la mode suivie par les auteurs actuels, qui écrivent Hok'saï. Nous estimons que cette prononciation est inexacte. D'ailleurs, si l'on partait d'un tel principe phonétique, on devrait dire Hok'ba pour Hokou-ba et Hok'jiou pour Hokou-jiou. Cette façon de prononcer n'est juste que dans Hok'keï et dans quelques autres noms de consonance analogue. Les Japonais ont supprimé la finale du premier signe, parce que Hokou-keï eût été désagréable à l'oreille.

Ka-no ", avec Ka-no Do-shioun, le fils de son fondateur Ka-no Masou-nobou; et, pour finir, la treizième, avec Ka-no San-rakou.

Voici maintenant l'école de So-ga, avec les deux Tchokou-an.

Celle de Ha-sé-gava, qui lui succède, est résumée par son fondateur To-hakou.

Puis défile l'école de Ko-rïn, après ses deux précurseurs, Hon-na-mi Ko-yetsou et Tawara-ya So-tatsou.

L'école de Marou-yama suit, avec O-kyo, son fondateur et So-zën, qui en fut un des plus illustres adeptes.

Après ces " grandes écoles ", nous plaçons les indépendants, que nous avons classés de notre mieux, d'après les écoles dont ils ont suivi les enseignements avant de proclamer la liberté de leur pinceau.

Enfin nous arrivons à l'école vulgaire, au sujet de laquelle il nous a semblé bon de donner quelques explications. Iwa-sa Mata-bè-é fut l'initiateur, l'ancêtre véritable de la peinture vulgaire, de l' " ouki-yo-é ". C'est dans l'œuvre du vieux maître qu'on trouve l'origine évidente de cet art si fécond et si varié. C'est à Mata-bè-é que, pour la première fois, à notre connaissance, a été donné le surnom de " vulgaire " (ouki-yo Mata-bè-é). Après sa mort et pendant un siècle au moins, l' " ouki--yo-é " ne fut plus pratiqué que par des individualités sans relations apparentes entre elles. Pour arriver à une école vulgaire définie, organisée, il faut descendre jusqu'à Hishi-kawa Moro-nobou dont les premiers élèves furent ses propres fils. Puis des artistes étrangers à la famille se joignirent aux enfants du maître; et plusieurs de ces nouveaux venus fondèrent à leur tour des écoles, qui arrivèrent à une haute célébrité et se distinguèrent par une note très personnelle, tout en conservant parfois, dans les premiers temps au moins, un air de la famille originelle. A peu près à la même époque que Moro-nobou, Hanabousa It-tcho ouvrit lui aussi une école, non pas vulgaire à proprement parler, mais plutôt mixte, car elle tenait presque autant de la tradition officielle de Ka-no que de l' " ouki-yo-é ". Nous avons cru cependant devoir placer It-tcho dans l' " école vulgaire ", tant à cause des sujets que lui et ses élèves ont traités de préférence, que pour la grande influence exercée par eux sur l'art vulgaire. Outre les maisons de Hishi-kava et de Hanabousa, les Japonais en distinguent quatre autres également célèbres(1). Celle de Miya-gava (2), issue de Miya-gava Tcho-shioun; celle de Nishi-kava, emanée de Nishi--kava Souké-nobou; celle de Tsoudzoumi, fondée par Tsoudzoumi To-rïn; et enfin celle de Tori-yama, dont la premièrepier re fut posée par Tori-yama Séki-yën. Un certain nombre d'artistes éminents sortis de ces écoles fondèrent à leur tour des maisons particulières. Mais l' " ouki-yo-é ", de même que les écoles classiques, eut ses indépendants, nous les plaçons à la suite des écoles ayant un caractère défini et nous en usons à leur égard comme envers les indépendants issus des classiques. Disons bien haut que nous n'avons nullement prétendu écrire personnellement une histoire des peintres japonais. Notre rôle, assez modeste, est celui de traducteur et de compilateur consciencieux; nous serons sincèrement heureux de l'avoir rempli, si nous pouvons être utile ainsi ou seulement agréable aux personnes séduites par l'Art charmeur de l'Extrême-Orient. Il nous a semblé intéressant de leur rapporter dans un livre fidèle l'opinion des Japonais sur leurs peintres et leurs graveurs.

En terminant ce trop long avant-propos, nous tenons à remercier vivement toutes les personnes qui nous ont prodigué leurs conseils, leur assistance, leurs encouragements et qui nous ont permis ainsi d'entreprendre et d'achever ce difficile travail. Nous exprimons notre profonde gratitude à nos chers amis du Japon, à Monsieur Ka-no Tomo-nobou, l'un des plus éminents représentants actuels de la grande école de Ka-no, et aussi à Monsieur Kané-mitsou Masa-ö (pour ne citer que ceux-là), dont les lumières nous ont si souvent éclairé et dont la constante sympathie nous fut si douce loin de notre pays. Nous regrettons sincèrement que nos excellents et fidèles amis de France, dont l'aide nous fut précieuse pour la mise au point de l'ouvrage, s'obstinent si résolûment à ne vouloir pas être nommés. Nous respectons scrupuleusement leur désir; mais ils ne peuvent nous empêcher de leur dire notre cordiale reconnaissance.

PIERRE BARBOUTAU.

(1) Nous donnons, dans notre second volume, un tableau synoptique de ces six écoles vulgaires principales. Nous avons, non sans beaucoup de peine, accompli ce travail, forcément incomplet, souhaitant qu'il rende quelque service aux admirateurs européens de l' " Ouki-yo-é ".

(2) Elle changea bientôt de nom et devint l'école si célèbre de Katsou--kava.

PEINTURES

SO SES-SHIOU

N° 4

École Chinoise

SÔ SES-SHIOU

1423-1506

SO SES-SHIOU (1) ne fut qu'une des nombreuses appellations de ce peintre, dont le nom de famille était O-da, et To-yo le nom personnel (2). Il naquit à Aka-bana, petit village de la province de Bi-shiou, dans le courant de l'année 1423. Lorsqu'il eut douze ans, son père, désirant faire de lui un prêtre, le conduisit au temple de Shiou-i-zan, où il fut initié aux mystères de la religion bouddhique (3). Entre temps, le jeune Ses-shiou, qui avait pour la peinture de grandes dispositions naturelles, apprenait les principes de cet art de Jo-setsou (4) et de Shiou-boun (5). La 6e année de Kwan-sho (1465), profitant du départ d'un navire pour la Chine, l'artiste passa dans ce pays où régnait alors la dynastie des Mïng (6), qui fut si favorable au développement de tous les arts dans le Céleste-empire. A l'époque où Ses-shiou séjournait en Chine, vivaient deux artistes d'une grande célébrité, l'un se nommait Ri et l'autre Tcho. Il disait, en parlant d'eux : « C'est pour trouver un bon professeur que » je suis venu en Chine, si loin de ma patrie. Eh! bien, maintenant, en voyant les peintures exécutées par les deux plus célèbres artistes de ce pays, j'en arrive à me » rendre compte que leur habileté est assez limitée. Donc, on aura beau vanter tel ou » tel artiste, je pense que notre seul professeur est encore la nature, car seule elle » est infinie. » Dès lors, Ses-shiou étudia avec une grande activité, sans s'attacher à suivre aucune méthode. De là lui vint cette manière de peindre si particulière, qui lui valut l'admiration de tous, depuis l'empereur jusqu'au plus humble de ses sujets. Sur

(1) Prononcez : Ses-chiou. — Outre celle-ci qui signifie : Ses-shiou bonze, l'artiste en porta un grand nombre d'autres, telles que : Bei-ghĕn-zan, Shin-so, Gaï-ses-shiou, Shi-meï-tĕn-do-teï, Beï-shi, San-jïn, etc.

(2) Les Japonais et surtout les artistes portaient un certain nombre de noms ou surnoms qu'ils prenaient et abandonnaient, suivant certaines circonstances, durant le cours de leur existence.

C'était d'abord celui de leur famille, réelle ou adoptive. Au Japon, la liberté d'adoption était absolue; par conséquent, il n'était pas rare de voir un homme quitter sa famille naturelle pour entrer dans une autre. Il prenait le nom de celle-ci qu'il était autorisé à porter, par un acte régulier d'adoption bien et dûment enregistré. Il ne faudra donc pas être surpris lorsque nous dirons par exemple : « Le vrai nom de famille de cet artiste était N... » Les Japonais entendent par là, que c'était le nom de ses ascendants naturels. Ensuite, venait le nom particulier ou personnel, lequel, bien qu'ayant quelque analogie avec notre prénom, n'en était pourtant pas l'équivalent. En effet, le nom personnel du Japonais était son véritable nom; c'était celui sous lequel il était déclaré à l'état civil. C'était, en somme, son nom de citoyen.

Puis c'était la série, souvent fort longue, des surnoms pris suivant les circonstances. Un artiste devenait-il l'élève de tel ou tel maître, il se faisait alors autoriser par ce dernier à prendre un surnom, qui se rapprochait de celui de ce maître, lequel lui cédait même parfois son propre surnom. Nous avons pensé que, ceci étant expliqué, le meilleur moyen de nous faire comprendre du lecteur était de suivre l'usage des auteurs japonais, dans l'énumération des noms ou surnoms des artistes dont nous donnons la biographie.

(3) Un peu plus tard, il fut encore initié à la doctrine de Zĕn-gakou (schisme bouddhique) par le bonze Ko-tokou, grand prêtre du temple Sô-kokou à Kyo-to et par un autre bonze nommé Ghio-kou-ïn-eï-yo, grand prêtre du temple Kĕn-tcho ji à Kama-koura. Ce dernier lui ayant envoyé une notice, composée par lui sur Ghio-sho-saï (personnage sacré), Ses-shiou en avait profité pour prendre ce nom de Ghio-sho-saï.

(4) JO-SETSOU, artiste originaire de la Chine, se fit naturaliser Japonais durant les années de O-yeï (1394-1427); on sait peu de choses sur ce maître, qui habita le temple Sô-kokou ji à Kyo-to, et peignit avec une grande habileté les paysages, les oiseaux, etc..

On ignore la date de sa mort.

(5) SO SHIOU-BOUN (c'est-à-dire le prêtre Shiou-boun) résida, à une époque de sa vie, au temple Sô-kokou ji à Kyo-to et eut pour maître en peinture le célèbre Jô-setsou. Il devint lui-même un artiste de premier ordre et fut, dit-on, le maître de trois grands peintres : Ses-shiou, Oguri Sotan et Kano Moto-nobou. Shiou-boun habita successivement un certain nombre de temples. On ignore la date de sa mort. On sait seulement qu'il florissait déjà durant les années de O-yeï (1394-1427).

(6) La dynastie des Ming commença avec l'empereur Hong-wou qui régna de 1368 à 1399, et se termina avec Tsong-tcheu (1628-1644). Elle compta 17 empereurs et dura exactement 276 ans. La dynastie des Tsïng lui succéda.

l'ordre de l'empereur de Chine, il décora un des murs du palais impérial, ce qui lui valut un grand honneur. De plus, à la demande d'un personnage chinois, le maître exécuta une peinture représentant le mont Fouji vu de trois faces. On y aperçoit, entre autres, l'endroit nommé Mi-ho où se trouve un bois de sapins, ainsi que le temple Seï-kënji. On dit qu'un élève de Ses-shiou fit une copie de cette peinture, qui fut envoyée au Japon. Ce fut dans le courant de la 1re année de Boun-meï (1469) que Ses-shiou revint au Japon, après avoir fait un séjour de cinq ans en Chine. Il alla se fixer dans la province de Sou-wo, au pied de la montagne Tën-kwa, où il se fit construire une maison qu'il nomma Oun-kokou-an[1]. On raconte sur Ses-shiou une anecdote qui donne une idée assez exacte de son caractère : « A l'époque où l'artiste était encore en Chine, vivait au Japon un très grand seigneur nommé O-outchi Yoshi-oki, qui possédait les provinces de Naga-tô, Sou-wo etc.... et résidait à Yama-goutchi, chef-lieu de cette dernière. Il paraît que ce "daï-mio", fort débauché et d'un caractère irascible, avait naguère fait acheter en Chine une peinture qu'il avait conservée. Ses-shiou, étant venu se fixer dans la province de ce seigneur, celui-ci le fit venir pour lui montrer la peinture en question. L'artiste en la voyant, s'écria : « Je la fis, lorsque j'étais en Chine. » Le "daï-mio" n'ajouta pas foi aux paroles de Ses-shiou; il entra dans une violente colère, pensant que celui-ci se vantait et voulait s'approprier le mérite d'autrui. Le maître, très contrarié, quitta la province peu après et alla se fixer dans celle de Iwa-mi. Plus tard, le "daï-mio" ayant fait nettoyer la peinture, objet de la contestation, y trouva la signature de Ses-shiou à demi effacée. En constatant la chose, il fut très contrarié. Il fit prier l'artiste de revenir dans sa province; mais ne parvint pas à l'y décider malgré tout son désir[2].

Ses-shiou peignait les paysages avec une grande habileté. Ce qu'il faisait ensuite le mieux, c'étaient les personnages, les oiseaux et les fleurs. Puis, venaient les bœufs et les chevaux. Par exemple, ce qu'il rendait moins brillamment, c'étaient les tigres et les dragons. Cet artiste, dont la sûreté de main était vraiment remarquable, exécutait souvent d'un seul coup de pinceau (procédé dont il serait, dit-on, l'inventeur) des personnages, des chevaux, des bœufs, etc. Aimant surtout à peindre à l'encre, le maître fit rarement usage des couleurs. On dit que Ses-shiou peignait, la plupart du temps, de mémoire, sans attacher autrement d'importance à la forme exacte du motif. Cependant, son dessin large et puissant, ainsi que son genre si particulier, sont uniques dans les temps passés, aussi bien que dans les temps modernes[3]. Ses-shiou s'éteignit à l'âge de 83 ans[4], durant la 3e année de Yeï-sho (1506), jouissant de l'estime la plus haute de ses contemporains.

(1) Nom donné à une école fondée par Ses-shiou (école de Oun-kokou).

(2) L'auteur qui nous rapporte cette anecdote ajoute : « Ce récit ressemble fort à l'histoire du prêtre Kou-kaï; il est fort possible qu'on l'ait refait au profit de Ses-shiou. Cependant le maître résida bien dans le temple Taï-ki-an, situé dans le village de Oto-yoshi (province de Iwa-mi).

(3) On raconte que lorsque Ses-shiou devait peindre un sujet nouveau, il buvait tout d'abord un peu de "saké" (eau-de-vie de riz), jouait un petit air de flûte, puis récitait une poésie ou chantonnait quelque mélodie. Ayant ainsi distrait sa pensée un instant, il concentrait son esprit sur le sujet à reproduire, et se mettait à l'ouvrage. Telle était sa manière de travailler.

(4) Quelques écrivains disent 87 ans.

KAI-HOKOU YOU-SHO	SO SES-SHIOU	SO SES-SHIOU
N° 34	N° 1	N° 6

SHIN-SO SO-A-MI

N° 9

KA-NO SAN-RAKOU

N° 55

SO SES-SHIOU

N° 3

SO SES-SHIOU

N° 5

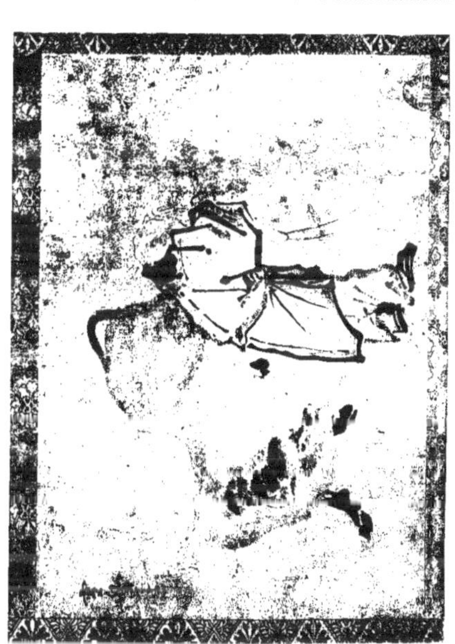

École Chinoise

1. ❧ **Sô Ses-shiou.** ❧ Debout, les pieds nus, son petit corps entièrement drapé dans les plis d'un large manteau, Foukou-rokou est représenté ici avec une physionomie toute spéciale. En effet, la longueur de son front immense disparaît en quelque sorte devant l'expression si particulière du visage. Ses-shiou a voulu certainement reproduire sous la forme de ce personnage, sinon grotesque, tout au moins bizarre, les traits de quelque philosophe, entrevu lors de son séjour en Chine. Cette figure, d'une intensité de vie remarquable, est exécutée avec une puissance de pinceau supérieure. La signature Ses-shiou est placée en bas, à droite.

Kakémono à l'encre, sur papier. ▪ Haut. : $1^{m}13$; larg. : $0^{m}42$. ▪ Monture vieilles soies.

2. ❧ **Sô Ses-shiou.** ❧ Coiffé d'une sorte de calotte, le corps enveloppé dans les plis de son manteau, d'où émerge seul son grand sabre qu'il tient de la main droite, Sho-ki s'avance, explorant les alentours de son terrible regard. Le Sho-ki représenté ici est peint de profil. Ses fortes moustaches et sa longue barbiche, se terminant en pointe, donnent à la physionomie du légendaire personnage un aspect tout particulier. Exécutée avec quelques tons d'encre légère, accentués par des lignes larges et solides, cette œuvre est digne de celle que nous avons décrite sous le numéro précédent. Signé en haut, à droite : Ses-shiou. Au-dessous un petit cachet rouge porte encore les caractères Ses-shiou.

Kakémono à l'encre sur papier. ▪ Haut. : $0^{m}725$; larg. : $0^{m}265$. ▪ Monture vieilles soies.

3. ❧ **Sô Ses-shiou.** ❧ Le visage empreint d'une grande résignation, donnant à penser qu'il s'agit ici de quelque philosophe de l'ancienne Chine, un très vieil homme s'avance péniblement. Il est suivi d'un énorme bœuf, qu'il conduit par une corde passée dans le mufle de l'animal. Cette composition, dont le sens doit répondre à quelque pensée philosophique, est d'une facture très chinoise. Signé en haut, à gauche : Ses-shiou. Au-dessous un cachet rouge, aux trois quarts effacé, dont il est impossible de lire les caractères (1).

Kakémono à l'encre, sur papier. ▪ Larg. : $0^{m}49$; haut. : $0^{m}345$. ▪ Monture vieilles soies.

4. ❧ **Sô Ses-shiou.** ❧ Encaissé dans les montagnes, à l'ombre d'un bois de sapins, le fameux temple Seï-kënji dresse ses bâtiments, dominés par sa tour aux toitures superposées. Tel est le motif principal de la partie gauche de cette belle composition, dont le premier plan est occupé par une petite ville (probablement Mi-ho), construite à l'abri des rochers, au bord de la mer. Près de là, sont quelques barques de pêche; plus loin, au centre, un village de pêcheurs est établi dans une vallée, entre des montagnes d'un très pittoresque aspect. A l'extrémité de cette vallée, une route se dirige vers le pied de la montagne Fouji, dont la cime neigeuse s'élève au milieu des nuages. Dans la partie de droite, émergeant des flots, quelques îlots ou montagnes se perdent à l'horizon. Nous n'insistons pas sur les qualités de cette peinture, qui passe pour l'un des chefs-d'œuvre du maître. Un cachet rouge, de forme carrée, apposé en haut et à gauche porte le nom To-yo.

Kakemono exécuté à l'encre sur papier. ▪ Larg. : $0^{m}96$; haut. : $0^{m}555$. ▪ Monture vieilles soies et tissus d'or.

5. ❧ **Sô Ses-shiou.** ❧ Au premier plan, s'avançant dans la mer, où un bateau de pêche est à l'ancre, des rochers forment un promontoire. Plus loin, à droite, un bois très touffu; enfin, presque en face, au fond d'une anse, un village de pêcheurs, avec son temple bouddhique. Cette peinture, malgré ses petites dimensions, est traitée avec beaucoup d'ampleur. Un cachet rouge, apposé en bas et à droite, porte : To-yo.

Kakémono à l'encre, sur papier. ▪ Larg. : $0^{m}33$; haut. : $0^{m}245$. ▪ Monture vieilles soies.

6. ❧ **Sô Ses-shiou.** ❧ Au haut d'un monticule au bord de l'eau, un héron, perché sur sa patte droite, retourne la tête. Le bec est ouvert comme pour un appel, et la patte gauche repliée sous le corps. Exécutée à l'encre légère, cette belle peinture est relevée par des accents d'un noir intense d'une grande vigueur. Un cachet rouge, de forme carrée, apposé à gauche, près de la composition, porte : To-yo.

Kakémono sur papier. ▪ Haut. : $0^{m}80$; larg. : $0^{m},34$. ▪ Monture vieilles soies et tissus d'or.

7. ❧ **Sô Ses-shiou.** ❧ Vue prise dans les mêmes parages que le numéro 4. Nous retrouvons à gauche, au pied de hautes falaises couvertes d'arbres, le temple Seï-kënji. Ses bâtiments se dressent au milieu de grands " matsou " (sorte de pin), croissant jusqu'à l'extrémité des rochers qui surplombent une petite ville assise au bord de la mer. D'autres rochers s'avancent à gauche, au-dessus de la route qui conduit au temple. En bas, à droite, deux barques sous voiles. Plus loin un village de pêcheurs, et quelques bateaux amarrés au rivage. De hautes montagnes bornent l'horizon. Un vol d'oies traverse l'espace. Signée à gauche : Ses-shiou, au-dessus d'un petit cachet rouge portant un nom illisible.

Peinture à l'encre de Chine. ▪ Larg. : $0^{m}30$; haut. : $0^{m}17$.

(1) C'est là sans doute un des nombreux cachets dont Ses-shiou fit usage lors de son séjour en Chine, où probablement fut exécutée cette peinture. Sa rareté doit être grande, car, par sa forme, il ne ressemble à aucun de ceux que donnent les traités de peinture japonais.

SHÏN-SO SO-A-MI

XVe Siècle

SHÏN-SO, fils d'un peintre de talent nommé Shïn-gheï[1], a porté les surnoms de So-a-mi, Kan-gakou et Sho-ses-saï[2]. Son père fut son premier professeur; puis il se passionna pour la manière de l'illustre peintre chinois Bok-keï, et s'assimila très complètement l'esprit et les principes de ce maître[3]. Les personnages, les paysages, les oiseaux, etc... exécutés par lui, à l'encre, rappellent tous la facture si élégante des peintres de la dynastie de Sô[4]. Il vit la supériorité de son talent reconnue par ses contemporains, qui le proclamèrent le plus grand artiste de l'époque. Entré à l'âge de vingt ans au service du "Sho-goun" Ashi-kaga Yoshi-masa, il demeura toujours auprès de ce prince, exécutant pour les fêtes officielles des poésies et des peintures. Poète illustre, non moins que peintre habile, il s'acquit encore une grande réputation comme "tcha-jïn"[5]. Conservateur des ustensiles de "tcha-no-you" appartenant à la maison du "Sho-goun", il vérifiait les objets employés à cette cérémonie, lesquels formaient une admirable collection d'œuvres d'art : vieilles peintures, pièces de céramique ancienne, etc., etc... Une telle situation permit à Shïn-so de publier un ouvrage contenant la description de toutes ces merveilles. Il fut considéré comme un expert de haute compétence et d'autorité indiscutable. Il fut l'égal de son père dans l'exécution savante des "jardins en paysages", à en juger par ceux que l'on voit encore dans quelques vieux temples de Kyo-to et que l'on sait avoir été tracés par lui. Nous ignorons la date de la mort de Shïn-so; nous savons cependant qu'il vivait encore dans les années de Yeï-sho (1504-1520)[6].

8. **Shïn-so So-a-mi.** Alors que bien souvent Kan-zan et Ji-tokou sont représentés l'un riant, l'autre pleurant, ces plaisants personnages nous apparaissent ici tous deux en joie. Cette composition rappelle l'art chinois et l'école à laquelle appartient So-a-mi. C'est une œuvre puissante et habile, largement traitée, montrant bien la haute valeur personnelle de Shïn-so. En bas, à droite un cachet rouge, en forme de vase, porte le nom Kan-gakou.

Kakémono à l'encre, sur papier. Haut. : 0m88; larg. : 0m35.

9. **Shïn-so So-a-mi.** Deux courges et deux aubergines posées sur le sol. De ce motif si simple, So-a-mi a tiré une œuvre très intéressante, par la largeur, la souplesse et la fermeté de l'exécution. A gauche, un cachet rouge de forme carrée se lit : Shïn-so.

Petit kakémono à l'encre, sur papier. Haut. : 0m345; larg. : 0m225. Monture en vieilles soies et tissus d'or.

(1) Cet artiste connu encore sous le nom de Gheï-a-mi florissait vers l'époque de Boun-sho (1466).

(2) Il porta encore ceux de Wo-saï et Shoun-wo-saï.

(3) Certains auteurs disent qu'il étudia en outre chez So Shiou-boun, et cela avant de s'éprendre de la manière de Bok-keï.

(4) Ancienne dynastie chinoise, sous laquelle les arts furent très prospères.

(5) "Tcha-jin" (textuellement : personnage-thé), membre d'une société de gens réunis dans le but de faire la cérémonie du thé nommée "tcha-no-you".

(6) D'après un autre auteur, Shïn-so florissait déjà durant les années de Ho-tokou (1449-1451).

KA-NO MOTO-NOBOU (attribué à)

N° 6

SHIN-SO SO-A-MI

N° 8

SO SES-SHIOU

N° 2

TO-SA MITSOU-OKI

N° 10

KAI-HOKOU YOU-SHO (Attribué à)

N° 136

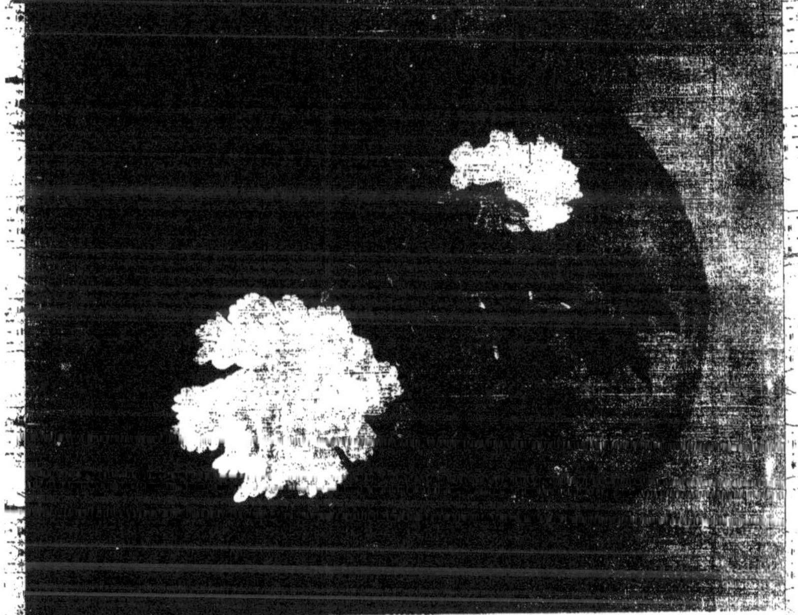

École de To-sa

TO-SA MITSOU-ÔKI

1616-1691

TO-SA MITSOU-OKI, fils aîné de To-sa Mitsou-nori[1], fut le dernier des trois grands artistes de To-sa connus sous la désignation de " To-sa no san-pitsou " (trois pinceaux de To-sa[2]). Il résida tout d'abord avec son père à Saka-ï, ville de la province de I-dzoumi (où il naquit probablement). A vingt-deux ans, ayant eu le malheur de perdre ce guide, il devint l'élève de To-sa Mitsou-yoshi[3]. Il s'attacha alors à étudier de son mieux les vieux maîtres de sa famille, tout en se pénétrant de l'art des grands peintres japonais ou chinois. Le résultat qu'il tira de ses patients travaux fut d'acquérir un merveilleux talent. Il excellait surtout à peindre des cailles, en s'inspirant de la manière du peintre chinois Ri-an-tchiou. Bien que Marou-yama O-kiô[4] ait été plus tard très renommé comme peintre animalier, son talent resta néanmoins au-dessous de celui de Mitsou-ôki. Quand il eut atteint un certain âge, il se rasa la tête et fut promu " Ho-ghên ". Il prit alors le surnom de Tsouné-aki[5]. Il commença aussi à jouir d'une certaine réputation dans la pratique du " tcha-no-you " (cérémonie du thé). Mitsou-ôki est mort durant le 9e mois de la 4e année de Ghên-rokou (octobre 1691), à l'âge de 75 ans. Cet artiste occupa, dans le cours de son existence, des situations importantes, entre autres celle de E-dokoro adzoukari (directeur de la section de peinture[6]).

10. **To-sa Mitsou-ôki.** Cette petite peinture, exécutée en des tons délicats mélangés à de l'or, nous montre la déesse Bên-tên, occupée à baigner Bouddha encore tout petit. La figure de l'enfant merveilleux, aussi bien que celle de Bên-tên, les détails du costume de la déesse, les traits du petit serviteur, placé à droite, près du bassin dans lequel Bouddha est assis : tout est rendu avec une finesse et une habileté consommées. Un cachet rouge, de forme étroite et longue, porte les noms : To-sa Mitsou-ôki.

Petite peinture sur soie. Larg. : 0m275 ; haut. : 0m16. Monture vieilles soieries.

(1) TO-SA MITSOU-NORI, fils de Mitsou-yoshi, se nomma d'abord Ghên-za-yé-mon et un peu plus tard Ou-kon. Ayant appris la peinture de son père, il parvint à suivre avec habileté le principe de sa famille et fut nommé " E-dokoro adzoukari " (directeur de la section de peinture).

Mitsou-nori est mort à l'âge de 50 ans, le 16e jour du 1er mois (du 4e suivant certains auteurs) de la 15e année de Kwan-yei (février 1638).

(2) Ces trois artistes furent : Moto-mitsou pour l'époque ancienne, Mitsou-nobou pour l'époque moyenne et enfin Mitsou-ôki pour les temps modernes.

(3) TO-SA MITSOU-YOSHI, qui était le père de Mitsou-nori et par conséquent le grand-père du jeune Mitsou-ôki, était lui-même le second fils de To-sa Mitsou-shighé qui l'avait initié à la peinture. Ce maître occupa durant sa vie plusieurs postes importants. D'abord nommé " Sa-kon-sho-ghên " (fonctionnaire militaire appartenant au poste de gauche de la garde impériale, attaché au palais, où il dirigeait les affaires de ce poste comme secrétaire d'administration civile et comme tel occupait le 17e rang), il fut élevé plus tard à la dignité de " Jiou-go-i-ghé " (14e rang) et enfin nommé E-dokoro adzoukari.

Dans sa vieillesse, Mitsou-yoshi se consacrant à Bouddha prit le surnom de Kiou-ikou et alla se fixer à Saka-ï dans la province de I-dzoumi, où il mourut durant le 5e mois de la 18e année de Keï-tcho (juin 1613) à l'âge de 75 ans.

(4) Voir la biographie de cet artiste.

(5) Il porta en outre les surnoms de Tchokou-shi, Foudji-hara, etc.

(6) Mitsou-ôki occupa tout d'abord le poste de " Ou-kon sho-ghên " (haut fonctionnaire militaire attaché au poste de droite de la garde impériale du palais). Il était chargé de toutes les affaires concernant ce poste et le rang qui lui convenait comme tel était le 17e : " jiou rokou-i-djo ". Plus tard, il fut élevé au 13e rang : " jiou-go-i-djo ".

École de Ka-no

Nous avons pensé que la meilleure façon d'aider le lecteur à se retrouver au milieu de tous les artistes de l'école de Ka-no, était de prendre le système adopté par les Japonais et qui consiste à diviser la grande famille en un certain nombre de branches. Ces branches sont au nombre de treize; nous en donnons plus bas la nomenclature ainsi que les noms de leurs fondateurs respectifs. Partant de ce principe, nous commençons donc par la 1re branche fondée par Ka-no Masa-nobou, laquelle adopta pour titre "Naka bashi Ka-no" (textuellement : Ka-no de "Naka-bashi". Naka-bashi est le nom du quartier habité par les divers membres de cette première branche.) Prenant alors, parmi les artistes dont nous possédons des œuvres, le plus ancien en date, nous le plaçons en tête, les autres venant ensuite suivant leur ordre de descendance.

1re Branche

Fondateur : KA-NO MASA-NOBOU (1) (1452-1549). — Désignation : "Naka-bashi Ka-no" (Ka-no de Naka--bashi. Naka-bashi est le nom d'un pont et d'un quartier de Yé-do.)

2e Branche

Fondateur : KA-NO-TAKA-NOBOU (1570-1618). — Désignation : "Ka-dji bashi. Ka-no" (Ka-no du pont de Ka-dji. Nom d'un quartier de Yé-do.)

3e Branche

Fondateur : KA-NO NAO-NOBOU (1606-1650). — Désignation : "Ko-biki tcho Ka-no" (Ka-no de la rue Ko-biki à Yé-do).

4e Branche

Fondateur : KA-NO MINÉ-NOBOU (1581-1628). — Sans désignation.

5e Branche

Fondateur : KA-NO MASOU-NOBOU (1624-1694). — Désignation : "Shioun-ga-daï Ka-no" (Ka-no de Shioun-ga-daï — quartier de Yé-do —).

6e Branche

Fondateur : KA-NO SOUYÉ-YORI (1520-1570.) — Sans désignation.

7e Branche

Fondateur : KA-NO TOMO-NOBOU (1641-1700). — Sans désignation.

8e Branche

Fondateur : KA-NO NAGA-NOBOU (1576-1654). — Sans désignation.

9e Branche

Fondateur : KA-NO SO-YA (vivait dans le "nëngo", Tën-sho) (1573-1591). — Sans désignation.

10e Branche

Fondateur : KA-NO HIDÉ-NOBOU (1556-1618). — Sans désignation.

11e Branche

Fondateur : KA-NO SO-SHIN (1567-1620). — Sans désignation.

12e Branche

Fondateur : KA-NO SHIGHÉ-SATO (1569-1616). — Sans désignation.

13e Branche

Fondateur: KA-NO YEI-MITSOU (on ignore la date de sa mort; on sait seulement qu'il florissait vers le "nëngo" Ghën-ki (1570-1572) et qu'il était le père de KA-NO SAN--RAKOU, né en 1557 et mort en 1635. Désignation : Kyo Ka-no (Kyo veut dire capitale; mais ici c'est peut-être l'abréviation de Kyo-bashi — nom d'un quartier de Yé-do —).

(1). Prononcez comme s'il y avait Maça-nobou. Sa, en japonais, même entre deux voyelles, se prononce toujours : ça. Comme nous l'avons dit, à l'occasion de Ses-Shiou, sh devra toujours être prononcé : ch. A n et o n se prononcent toujours respectivement : an et on; jamais : ane ni one. E n, i n, au contraire, se prononcent toujours : ène et ine (c'est pour cela que nous écrivons toujours : in, et ën. Jamais on ne doit prononcer : en ni in.

KA-NO MOTO-NOBOU

N° 11

BRANCHE DE NAKA-BASHI KA-NO.[1]

KA-NO MOTO-NOBOU

1476-1559

Deuxième représentant de la grande école de Ka-no[1], fondée par son père Ka-no Masa-nobou[2]. C'est lui que l'on désigne sous le nom de "Ko Ho-ghën" (c'est-à-dire l'ancien "Ho-ghën") ou encore sous celui de Ka-no seulement, afin de le distinguer supérieurement des autres membres de la famille. Il résume à lui seul, en effet, le principe de son école; car si ce fut son père qui la fonda, ce fut bien lui, Moto-nobou, qui, par son immense talent, la développa et la fixa à jamais. Enfant, il se nommait Shi-ro-ji-rô; plus tard, renonçant à ce nom, il le remplaça par celui de O-ï-no--souké[3]. Dès sa plus tendre enfance, il apprit chez son père les éléments de la peinture, et suivit ensuite la manière de Shiou-boun[4]. Enfin, il fut l'élève de O-gouri So-tan[5]. Particulièrement doué pour l'art du dessin, dès sa prime jeunesse il exécuta des motifs représentant des personnages, des oiseaux, des insectes, des arbres et des plantes. On le citait comme un enfant prodige. A dix ans, il fut attaché comme page au service du "Sho-goun" Ashi-kaga Yoshi-masa, qui l'aimait beaucoup à cause de ses grandes dispositions pour la peinture. Devenu homme, Moto-nobou entreprit une suite de voyages à travers plusieurs provinces du Japon, cherchant les beaux sites à reproduire. Comme il avait épousé la fille de To-sa Mitsou-nobou[6]; il fut nommé, dès son retour à Kyo-to, tuteur de Mitsou-shighé, son jeune beau-frère, qui venait de perdre son père. La qualité de gendre de Mitsou-nobou fut un des titres qui valurent à Moto-nobou les fonctions de "E dokoro adzoukari"[7], situation occupée par To-sa Mitsou-nobou jusqu'à sa mort. Le maître fut également nommé "Etchi-zën no Kami" (gouverneur de la province de Etchi-zën)[8]. Il avait cinquante ans, quand il entra au service du "Sho-goun" Ashi-kaga Yoshi-dzoumi[9]. Un peu plus tard, "il se rasa la tête" (se consacra à Bouddha); ce fut à ce moment-là qu'il

(1) Cette première branche de la famille de Ka-no est désignée sous le nom de "Naka-bashi Ka-no" soit Ka-no de Naka-bashi parce qu'elle demeurait dans cet endroit à Yé-do.

(2) KA-NO MASA-NOBOU, fondateur officiel de la grande école qui porte son nom, était fils de Ka-no Kaghé-nobou, peintre d'un certain mérite, au service du Sho-goun Ashi-kaga Yoshi-masa. Masa-nobou, dont le premier nom fut Shi-ro-ji-rô, porta tour à tour les surnoms de Yu-sëi, Yu-shïn et Hakou-shin. En peinture, il eut comme premier maître, Jo-setsou; puis il entra chez Shiou-boun, et enfin, suivit les leçons de O-gouri So-tan. Bien que sa réputation ne soit point égale à celle de son fils Moto-nobou, il n'en fut pas moins un merveilleux artiste. Masa-nobou avait atteint l'âge de 97 ans lorsqu'il s'éteignit dans la 18e année de Tën-boun (1549).

(3) Plus tard, lorsqu'il se fut "consacré à Bouddha", il prit le surnom de Yei-sën.

(4) Voir la notice sur Shiou-boun, page 3, note 5.

(5) O-GOURI SO-TAN, d'abord au service du "Sho-goun" Ashi-kaga Yoshi--masa, se fit prêtre par la suite et entra au temple de So-kokou ji à Kyo-to. Il apprit la peinture du prêtre Shiou-boun (qui résidait probablement dans ce temple) et devint lui-même un artiste remarquable. O-gouri So-tan, mourut le 9e jour du 1er mois de la 5e année de Kwan-sho (Février 1464).

(6) To-sa Mitsou-nobou était le fils de To-sa Hiro-tchika. De naissance illustre, ce peintre, dont le talent fut immense, occupa les situations les plus élevées, entre autres celles de "E-dokoro adzoukari". Mitsou-nobou fait partie de la triade de peintres célèbres de l'école de To-sa, désignée sous le nom "To-sa no san-pitsou" (textuellement : trois pinceaux de To-sa). Mitsou-nobou mourut dans le 5e mois de la 5e année de Taï-yeï (Juin 1525), à l'âge de 92 ans.

(7) Situation analogue à celle de directeur des Beaux-Arts.

(8) Titre purement honorifique probablement.

(9) Il continua son service auprès des deux successeurs de ce "Sho--goun", qui furent : Ashi-kaga Yoshi-tané et Ashi-kaga Yoshi-harou.

fut promu " Ho-ghën ". Moto-nobou eut, comme initiateurs, l'élite des maîtres japonais et travailla aussi suivant les procédés des plus illustres peintres chinois de son époque[1]. Pour ce qui est de la " peinture japonaise ", il l'apprit surtout de son beau-père To-sa Mitsou-nobou et sut s'approprier les meilleurs côtés de son talent. Enfin, par la diversité des méthodes qu'il étudia et dont il se pénétra successivement, Moto-nobou parvint à s'assimiler tous les genres avec une égale habileté; ce qui a fait dire de lui qu'il est le plus grand artiste des temps anciens et modernes[2]. Né le 9e jour du 8e mois de la 8e année de Boun-meï (septembre 1476), Moto-nobou s'éteignit le 6e jour du 10e mois de la 2e année de Yeï-rokou (novembre 1559) à l'âge de 84 ans.

11. **Ka-no Moto-nobou.** D'un nuage sinistrement noir, emporté par les tourbillons d'un ouragan et d'où tombe une pluie diluvienne, émerge la tête d'un dragon. Une de ses pattes, armée de griffes acérées, crève la nuée et menace un tigre, bondissant d'une forêt de bambous. Cette allégorie, de la lutte de deux principes, si souvent représentée sous cette forme par les Japonais, est rendue ici avec une intensité extrême. La tête du dragon s'enlève en clair sur le noir profond des nuages, comme un éclair subitement apparu. Le tigre est noyé dans le brouillard et la pluie. Cette composition est certainement une des meilleures de celui que les Japonais, pour le distinguer des autres grands maîtres de cette école, désignent sous le seul nom de Ka-no. Un cachet rouge, à peine visible, ayant la forme d'un brûle-parfums, est apposé en bas, à gauche de la composition. Ce cachet porte : Moto-nobou. La monture de ce paravent, de six feuilles, peint sur papier consiste en deux bandes de vieilles soies.

Largeur totale : 2m72 ; haut. : 1m22.

12. **Ka-no Moto-nobou.** Dans un ravin, profondément encaissé entre des roches, coule une petite rivière. Un brouillard de poudre d'or estompe le lointain en laissant transparaître une forêt de pins, visible par une échancrure des rochers. Au premier plan, un pin de forme tourmentée et différents arbres de moindre importance. En bas, à droite, un cachet rouge en forme de vase porte : Moto-nobou.

Kakémono en couleurs sur papier. Haut. : 1m35 ; larg. : 0m715. Monture vieilles soies.

13. **Ka-no Moto-nobou.** Un vieil arbre tordu, aux branches à demi brisées et dépouillées de leurs feuilles, est envahi par les herbes et la mousse. Des passereaux, perchés dessus, chantent et s'agitent. Un cachet rouge, en forme de vase, apposé au bas, à gauche, porte : Moto-nobou.

Kakémono sur papier. Haut. : 1m06 ; larg. : 0m56. Monture vieilles soies.

14. **Ka-no Moto-nobou.** Assis sur un rocher, au bord de la mer, un enfant chinois pêche à la ligne. Au-dessus du petit pêcheur, et lui formant un abri naturel, est un autre rocher où croissent quelques arbustes. En bas, à droite, un cachet rouge, à peine visible, en forme de brûle-parfums, porte : Moto-nobou.

Peinture sur papier. Haut. : 0m36 ; Larg. : 0m215.

15. **Ka-no Moto-nobou.** (Attribué à). Deux bergeronnettes, précieusement peintes, sont posées sur un rocher moussu. De petites plantes, auxquelles s'enroulent des volubilis, les abritent. Cette œuvre, extrêmement délicate, rappelle la facture des anciens maîtres chinois, par le fini et la sincérité de l'exécution.

Petit kakémono sur papier. Larg. : 0m335 ; haut. : 0m255. Monture en vieilles soies.

16. **Ka-no Moto-nobou.** (Attribué à). A l'abri d'un rocher, deux chevaux sont couchés. Celui du premier plan allonge la tête sur le sol ; l'autre la dresse et regarde au loin. Cette peinture, exécutée avec une grande hardiesse, en quelques audacieux coups de pinceau, est d'une habileté extrême, et digne du grand maître à qui elle est attribuée.

Kakémono sur papier. Haut. : 1m03 ; larg. : 0m455. Monture en vieilles soies.

(1) Il suivit, pour le paysage, les principes des artistes chinois suivants : Shioun-kio, Ba-yën, Ka-keï, Bokou-keï, Ghiokou-keï, et Shi-sho; pour les personnages ceux de : Ba-yën, Ka-keï, Rio-keï et Gan-ki ; pour les fleurs, ceux de Ba-yën et Shoun-rio.

(2) Dans un langage quelque peu imagé, l'auteur de l'ouvrage japonais, qui nous a renseigné, dit en parlant de l'œuvre de Moto-nobou : « Les peintures de « Ka-no Moto-nobou sont si merveilleuses, qu'elles semblent être l'œuvre de « Dieu. » Et encore : « On cite les peintures finement exécutées en couleurs par « To-sa Mitsou-nobou, ainsi que celles de Ses-shiou si largement traitées à « l'encre. Certes, les œuvres de ces deux grands maîtres, chacune dans leur « genre particulier, sont admirables ; mais Moto-nobou seul pouvait rendre « avec une habileté égale à celle de ces artistes les peintures finement exécutées « en couleurs, aussi bien que les peintures largement traitées à l'encre de Chine. »

KA-NO SHO-YEI

N° [illegible]

KA-NO SHO-YEI

N° [illegible]

KA-NO SHO-YEI (Attribué à)

N° 18

KA-NO MOTO-NOBOU

N° 19

KA-NO SHO-YEI (Attribué à)

N° 17

BRANCHE DE NAKA-BASHI KA-NO.

KA-NO SHO-YEÏ

1518-1592

Troisième fils de Ka-no Moto-nobou, et petit-fils de Ka-no Masa-nobou, cet artiste eut pour premier nom Ghën-shitchi-rô, et porta, parmi de nombreux surnoms, ceux de Nao-nobou, Miki-nobou, etc... Les principes de la peinture lui furent enseignés par son père, et ensuite, par son frère Ka-no Mouné-nobou[1]. Ce peintre également habile à rendre les paysages, les fleurs, les oiseaux et les personnages, mérita par son talent d'être promu " Hô-ghën ". Sho-yeï mourut à 74 ans, le 21e jour du 10e mois de la 1re année de Boun-rokou (novembre 1592).

17. **Ka-no Sho-yeï.** (Attribué à). Sur un vieux cerisier en fleurs, est perché un paon finement exécuté en des couleurs, qui, bien que fantaisistes appliquées à cet oiseau, sont d'une grande douceur et d'une harmonieuse richesse. Les rouges atténués, les roses tendres, les jaunes clairs et les gris sont habilement mis en valeur par les bruns et les noirs, et relevés par le détail des plumes dessinées avec de l'or. Les feuilles de l'arbre, aux branches tordues, traitées à la gouache, se détachent sans brutalité sur le gris du fond; formant ainsi un admirable cadre à ce superbe oiseau, dont la facture, à la fois savante et distinguée, dénote chez son auteur un talent de premier ordre.
Kakémono sur papier. Haut. : 1^m16; larg. : 0^m45. Monture vieilles soies.

18. **Ka-no Sho-yeï.** (Attribué à). D'une exécution égale à celle de l'œuvre précédente (dont elle est le pendant) cette peinture nous montre un magnifique oiseau de Hô (phénix) volant au-dessus d'une cascade, près de laquelle pousse un " kiri " (paulownia japonica), dont les branches supérieures se voient dans le haut de la composition. Les feuilles d'un vert très tendre et les fleurs font admirablement valoir le plumage de l'oiseau. En voyant ces deux peintures, on comprend aisément pourquoi si souvent furent attribuées à Ka-no Moto-nobou, des œuvres sorties des mains de son fils Sho-yeï, qui, dans bien des cas, égala son illustre père.
Kakémono sur papier. Haut. : 1^m16; larg. : 0^m45. Monture semblable à la précédente.

19. **Ka-no Sho-yeï.** (Attribué à). Ce paravent de six feuilles (formant paire avec le numéro suivant) représente un paysage montagneux, au bord de la mer. A gauche, au premier plan, un cerisier en fleurs dans les rochers. De cet endroit part un grand plateau, animé de chevaux sauvages dans les attitudes les plus diverses. A droite, à l'extrémité du plateau, on voit la mer, dans laquelle des chevaux prennent leurs ébats. Au-dessus du premier plan, toute la largeur du motif est barrée de nuages et de vapeurs d'or, d'où émergent des montagnes. A l'extrémité gauche, on retrouve les branches fleuries du cerisier par-dessus les mêmes nuages, dans lesquels se perd le tronc de l'arbre. Superbe est le coloris de cette composition, où l'or joue un rôle décoratif très important. On y trouve une réminiscence de la vieille école de To-sa, et les grandes qualités de l'école de Ka-no qui vient de naître.
Largeur totale : 2^m10; haut. : 0^m74. La monture consiste en deux bandes de soie.

20. **Ka-no Sho-yeï.** (Attribué à). Pendant du précédent, ce paravent est décoré d'un sujet analogue. Ici, la mer est à gauche, et plusieurs chevaux s'y ébattent joyeusement. A l'extrémité d'un mamelon, un arbre développe ses branches fleuries. Sur ce tertre aussi, se tiennent quelques chevaux, lâchés vigoureusement sur le fond d'or des nuages occupant toute la largeur de la composition. Au-dessus, les cimes de hautes montagnes, légèrement boisées, bornent l'horizon.
Mêmes dimensions et monture que celles du numéro précédent.

(1) KA-NO MOUNÉ-NOBOU, 3e représentant de la 1re branche de Ka-no et fils aîné de Moto-nobou, se nomma d'abord Shi-ro-ji-rô. Il était élève de son père, et fut promu " Hô-ghën ". Il mourut le 20e jour du 7e mois de la 5e année de Yei-rokou (Août 1562), à l'âge de 49 ans.

BRANCHE DE NAKA-BASHI KA-NO.

KA-NO YOUKI-NOBOU

1512-1575

Ce Second fils de Ka-no Masa-nobou, par conséquent frère de Ka-no Moto-nobou, cet artiste porta les surnoms de Ka-rakou-souké et de Ko-ïn. Élève de son père, il suivit aussi "l'idée de pinceau"(1) de son frère aîné Moto-nobou. Ce fut un peintre habile; ses compositions, qu'elles représentent des personnages, des paysages, des fleurs ou des oiseaux, sont également fort appréciées. Youki-nobou mourut à 63 ans, dans le cours de la 3e année de Tën-sho (1575).

21. **Ka-no Youki-nobou.** (Attribué à). Un petit melon d'eau, une aubergine, un fruit qui nous semble être un "kaki" et quelques feuilles sont les éléments de cette nature morte, d'un riche coloris.
Kakémono sur papier. Larg. : 0m37; haut. : 0m255. Monture en vieilles soies lissées d'or et d'argent.

BRANCHE DE KA-DJI BASHI KA-NO.

KA-NO TAN-NIOU

1602-1674

Ce TAN-NIOU, fils aîné de Ka-no Taka-nobou(2) et petit-fils de Yeï-tokou(3), naquit à Kyo-to le 14e jour du 1er mois de la 7e année de Keï-tcho (Février 1602). Enfant, il portait le nom de Ouné-mé; Mori-nobou fut son nom personnel(4). S'il en faut croire certains auteurs japonais, Tan-niou aurait montré fort jeune des dispositions pour la peinture. Un jour, "il avait à peine deux ans alors", ses parents, lui ayant donné un pinceau, virent se manifester une grande joie sur sa figure. Dans la suite, dès qu'il avait

(1) Ne pouvant rendre exactement par un équivalent français le sens de l'expression japonaise, nous avons pensé qu'il était préférable de la traduire mot à mot. L' "idée de pinceau" comprend la manière de voir et la manière de rendre, qui ont parfois une mutuelle influence.

(2) KA-NO TAKA-NOBOU, second fils de Ka-no Yeï-tokou, apprit la peinture de son père, ainsi que de son frère aîné Ka-no Mitsou-nobou. Parvenu à acquérir un grand talent, il devint l'un des peintres officiels du gouvernement "shogounal" et fut promu "Ho-ghën". Taka-nobou créa une école particulière. Il est le fondateur de la branche appelée "Ka-dji bashi Ka-no", parce qu'elle demeura toujours dans le quartier de ce nom à Yé-do. Ce maître peignait également bien les paysages, les fleurs, les oiseaux et les personnages. Il mourut le 30e jour du 8e mois de la 4e année de Ghën-wa (septembre 1618), à l'âge de 48 ans.

(3) KA-NO YEI-TOKOU nommé aussi Shighé-nobou était le fils aîné de Ka-no Sho-yei. Il apprit chez son père l'art de la peinture, et devint un des plus grands maîtres de la famille de Ka-no. Yeï-tokou avait à peine 48 ans, quand il mourut le 9e mois de la 18e année de Tën-sho (octobre 1590).

(4) L'artiste porta durant sa vie de nombreux surnoms, ainsi que l'on peut s'en rendre compte par la quantité de cachets dont il se servit pour signer ses œuvres. Ce sont, outre celui de Tan-niou-saï : Ip-po Daï-ko-ji, Sho-mio, Ghiokou-do, Seï-ka Naka-nobou, Nitchi-do Gwa kwan nosho, Shi-yo, Sën-ri, Mën-dan, Taï-rô et d'autres encore, car certains cachets du maître n'ont pu être traduits.

KA-NO TAN-NIOU

N° 24

KA-NO TAN-NIOU

N° 22

KA-NO TAN-NIOU

N° 28

KA-NO TAN-NIOU

N° 29

quelque petit chagrin, il suffisait de lui mettre un pinceau entre les mains pour qu'aussitôt il redevînt joyeux. Lorsque l'enfant eut atteint ses quatre ans, on commença à lui apprendre les premiers éléments de la peinture; on constata alors, non sans surprise, qu'il maniait le pinceau comme s'il avait déjà pratiqué cet art. Aucun des amusements recherchés par les autres enfants, n'avait d'attraits pour lui; seule l'étude du dessin charmait le futur artiste. En 1612, Tan-niou, âgé alors de 11 ans, fut conduit à Yé-do par son père. Durant ce voyage, en traversant la ville de Fou-tchou dans la province de Sourou-ga, l'enfant eut le grand honneur d'être présenté à l'ex- " sho-goun " Tokou-gava Iyé-yasou[1]. Deux ans plus tard, Tan-niou exécuta une peinture représentant un petit chat sous des fleurs de " kaï-do " (pirus spectabilis). On remarqua dans cette composition une " puissance de pinceau " vraiment extraordinaire, qui fit dire que, dans le jeune Tan-niou, renaissait son grand-père Ka-no Yeï-tokou. Un dragon, qu'il peignit à l'âge de 15 ans, pour le temple Ko-yo-zan, lui fit donner la décoration des grands temples de Ni-ko, de Shiba et de Oué-no (ces deux derniers à Yé-do). Longue serait la liste des édifices, temples ou palais décorés par lui[2]. Ce fut à partir de cette époque que la renommée de l'artiste se répandit dans tout le pays et que ses œuvres furent tenues en grande estime par les amateurs. Le " Sho-goun ", qui admirait fort le talent du jeune Tan-niou, lui accorda de nombreuses récompenses, et lui donna un domicile à Yé-do, au delà du pont de Ka-dji[3]. Ce fut à ce moment (en 1617) que le maître fonda une école particulière. En 1638, Iyé-mitsou, 3e Sho-goun de la famille Tokou-gava, donna à Tan-niou l'ordre d'exécuter le portrait de Iyé-yasou, et d'illustrer la notice historique consacrée à celui-ci. A cette occasion, et sur l'ordre du Sho--goun, l'artiste " se rasa la tête "[4] et prit le surnom de Tan-niou-saï. Ce fut à cette même époque qu'il reçut le titre de " Ho-ghën ". Tan-niou fut nommé " Ho-ïn " en 1662. A ce moment, il fut mandé au palais par l'ex-empereur Go-zaï Tën-no, qui lui ordonna de faire son portrait. Le portrait étant trouvé fort ressemblant par l'empereur, celui-ci pour récompenser l'artiste composa de sa propre main un cachet qui portait les caractères : " Hitsou-po daï-ko-ji ", que l'on peut traduire par : " grand personnage du haut pinceau ". Deux ans après, il recevait du gouvernement un petit fief dans la province de Kava--tchi qui lui rapportait 200 " kokou "[5] de riz par an.

Malheureusement Tan-niou tomba très gravement malade peu après, et fut quelque

(1) Ce " Sho-goun " termina la grande œuvre entreprise contre le pouvoir absolu des bonzes par O-da Nobou-naga et continuée par Hidé-yoshi prédécesseur immédiat de Iyé-yasou. Ce fut sous la dictature de ce dernier qu'eurent lieu les premières persécutions contre les chrétiens, persécutions qui furent surtout exercées dans un but politique. Iyé-yasou abdiqua au bout de quelques années en faveur de son fils Hidé-tada, mais ne lui donna guère que le titre sans la fonction de " Sho-goun ", exerçant de fait le pouvoir jusqu'à sa mort survenue vers 1616. Ses descendants gardèrent le pouvoir " shogounal " jusqu'à la révolution de 1868.

(2) A la 9e année de Ghën-wa (1623) fut entreprise la restauration du château d'O-saka. Tan-niou fut chargé d'en décorer les portes intérieures. Il peignit aussi les grandes salles, les portes de bois et les murs du château de Yé-do. Une anecdote amusante prouve l'ingéniosité de l'artiste : En 1626, il avait reçu de l'empereur Go-mizou-no-o, l'ordre de décorer un mur très élevé du château de Ni-djo à Kyo-to. On avait, pour lui faciliter ce travail, établi des échafaudages qui lui permettaient bien de peindre à la hauteur désirée, mais qui obstruaient complètement la lumière. Ce que voyant, Tan-niou fit enlever tous les échafaudages, et, prenant alors de longs bambous, il fixa ses pinceaux à leur extrémité et se mit à peindre avec la plus parfaite aisance le long de ce mur qui mesurait plus de trois mètres de hauteur. Tan-niou décora la plupart des palais impériaux et fut le grand peintre officiel de cette époque.

(3) Ce fut pour cette raison que cette branche de la grande famille de Ka-no prit la dénomination de " Ka-dji bashi Ka-no ", dont Tan-niou fut le 1er représentant; son père étant le fondateur de ce rameau particulier.

(4) L'action de " se raser la tête ", sans impliquer tout à fait l'entrée en religion, avait pourtant quelque chose du caractère religieux. Cela ressemblait fort à ce que nous appelons un vœu temporaire. Il était de règle de prendre alors un nom nouveau approprié à la circonstance.

(5) Le " kokou " est une mesure de capacité équivalant à 180 litres.

temps paralysé de toute une partie du corps. Il guérit cependant, et put encore travailler plusieurs années. Il s'éteignit le 7e jour du 10e mois de la 2e année de Yën-po (novembre 1674), âgé de 73 ans.

22. **Ka-no Tan-niou.** Cette composition nous montre un vieillard cheminant péniblement. Sur son épaule droite, il porte un outil de jardinage, une sorte de binette, à l'extrémité de laquelle sont liées quelques maigres pousses de bambous. Une vieille légende chinoise raconte qu'un pauvre vieillard, afin de donner aux siens la subsistance nécessaire, s'en allait par le mauvais temps déterrer des pousses de bambous enfouies sous la neige. Dans cette peinture, à l'encre, exécutée à l'aide de légers traits et de forts accents d'un noir intense, la physionomie très expressive est empreinte d'une grande résignation. Signé en bas, à droite: Tan-niou-saï. Au-dessous, un cachet rouge, en forme de gourde, porte : Mori-nobou.

Kakémono sur papier. Haut. : 1m05; larg. : 0m38. Monture en vieilles soies.

23. **Ka-no Tan-niou.** Petit village de pêcheurs au bord de la mer. Deux barques de pêche, les voiles gonflées, rentrent au port, où quelques bateaux sont à l'ancre. A droite, la mer s'étend à l'infini; en face, de hautes montagnes bornent l'horizon. Harmonieuse composition exécutée à l'encre. La signature Tan-niou-saï est placée à gauche, près du sujet, au-dessus d'un cachet rouge portant l'inscription : " Ho-ghën " Tan-niou.

Kakémono sur papier. Larg. : 0m61; haut. : 0m315. Monture en vieilles soies.

24. **Ka-no Tan-niou.** Quelques pieds de pivoines, aux fleurs roses, blanches et rouges largement épanouies, se détachent harmonieusement sur un fond d'un jaune brun très chaud. Un papillon est posé sur la pivoine supérieure, alors qu'un autre, d'espèce différente, dirige son vol vers ces mêmes fleurs. Cette composition en couleurs est rendue avec une grande habileté. Des nuages d'or, savamment ménagés, augmentent encore l'éclat de cette œuvre admirable. La signature Tan-niou-saï est placée en bas, à gauche, au-dessus d'un cachet portant les noms : Kou-naï-ko " Ho-ïn ".

Kakémono sur soie. Larg. : 0m72; haut. : 0m435. Monture vieilles soies et tissus d'or.

25. **Ka-no Tan-niou.** Tenant de la main gauche, un " maki-mono " (textuellement : objet roulé), le petit personnage représenté sur cette peinture paraît discuter avec animation. Indiquée en quelques touches, cette œuvre est d'une grande habileté. Auprès du sujet, en bas, à droite, la signature : Tan-niou-saï. Au-dessous, cachet rouge portant l'inscription : " Ho-ghën " Tan-niou.

Kakémono à l'encre, sur papier. Haut. : 0m875; larg. : 0m275. Monture en vieilles soies.

26. **Ka-no Tan-niou.** Un personnage assis vient de pêcher une grosse crevette, qu'il tient dans sa main droite, et regarde avec une attention singulière. Son épuisette est posée à côté de lui. En bas, à droite la signature : Tan-niou-saï " Ho-ghën ", au-dessous de laquelle un cachet rouge, en forme de gourde, porte le nom : Mori-nobou.

Kakémono sur papier, à l'encre. Haut. : 0m82; larg. : 0m265. Monture en vieilles soies.

27. **Ka-no Tan-niou.** Un cheval se frotte énergiquement contre le tronc d'un vieux saule, dont les branches retombent du haut de la composition, exécutée en quelques coups de pinceau d'une grande habileté. En bas, à droite, la signature Tan-niou. Au-dessous, un cachet rouge en forme de gourde porte le nom : Mori-nobou.

Kakémono sur papier, à l'encre. Haut.: 0m725; larg.: 0m24. Monture en vieilles soies.

28. **Ka-no Tan-niou.** En quelques coups de pinceau, d'une audace et d'une habileté extrêmes, le maître nous représente un cheval vu de face, la tête inclinée vers la terre. La facture est d'une maîtrise accomplie. Avec des moyens extrêmement limités, deux tons d'encre de Chine, un clair et un foncé, elle donne non seulement la sensation de la forme bougeante de l'animal, mais encore de la fermeté aux parties musclées et une légèreté merveilleuse à la crinière et à la queue flottantes. Un cachet rond, à peine visible, est placé en bas, à droite, près du motif. Ce cachet, l'un de ceux que le maître employa le moins fréquemment, porte une sorte de paraphe dont les caractères sont très difficiles à traduire; c'est peut-être: Ouné-fousa ?...

Kakémono, sur papier, à l'encre. Haut. : 0m92; larg. : 0m485. Monture en vieilles soies.

29. **Ka-no Tan-niou.** Un jeune pigeon, les plumes hérissées, est penché sur l'extrémité d'une branche aux rameaux pendants. Cette peinture, d'une grande vérité, donne de façon très heureuse l'aspect inquiet des jeunes oiseaux lors de leurs premières et hasardeuses sorties hors du nid. En bas, à droite, la signature Tan-niou-saï. Au-dessous, deux cachets rouges superposés : le premier, rond, porte les caractères : " Ho-ghën " Tan-niou; le deuxième carré, de petite dimension : Hitsou-po ?...

Kakémono sur papier, à l'encre. Haut. : 1m06; larg.: 0m30. Monture en vieilles soies.

KA-NO NAO-NOBOU

N° 34

KANO TSOUNÉ-NOBOU

N° 41

BRANCHE DE KA-DJI-BASHI KA-NO.

KA-NO YASOU-NOBOU

1608-1683

Ce nom de YASOU-NOBOU ne fut en réalité qu'un des nombreux surnoms du maître[1], dont le nom véritable était Yeï-shïn. Troisième fils de Ka-no Taka-nobou[2], il apprit tour à tour de ses deux frères Tan-niou et Nao-nobou, les principes de la famille, et s'en pénétra profondément. Par son travail et sa persévérance dans cette voie, Yasou-nobou parvint à la célébrité. Il fut nommé "Ho-ghën" et fonda lui-même une école particulière. En 1663, il peignit sur des "sho-dji" (portes de papier) du palais Shïn-shïn, appartenant au "Sho-goun", un tableau représentant deux philosophes. Depuis lors, il fut toujours chargé de la décoration des palais. Très habile à reproduire des personnages, des paysages, des animaux, des fleurs, des oiseaux ou des divinités bouddhiques, ses peintures étaient d'une grande puissance; on retrouve bien chez lui les qualités de la grande famille à laquelle il appartient. Ka-no Sada-nobou[3] étant mort sans postérité, ce fut Yasou-nobou qui lui succéda comme chef de la première branche fondée par Ka-no Masa-nobou et qu'on distingue sous le nom de Naka-bashi Ka-no. Ce fut à l'instigation de son frère Tan-niou, que cette décision fut prise; celui-ci ayant jugé que seul Yasou-nobou, par la façon dont il savait maintenir la tradition d'art de la famille, était digne de la représenter. Le maître a laissé la réputation d'un expert très sûr en matière de vieilles peintures. Yasou-nobou, né dans le 12e mois de la 12e année de Keï-tcho (janvier 1608), mourut le 4e jour du 9e mois de la 2e année de Teï-kyo (octobre 1683).

30. **Ka-no Yasou-nobou.** Exécuté avec une sûreté et une puissance de pinceau vraiment remarquables, ce Kakémono nous montre une oie posée près d'un roseau. Cette peinture, d'apparence simple, est l'œuvre d'un artiste absolument sûr de lui. Tout ici est à sa place, et, si le maître n'a pas poussé davantage son sujet, c'est qu'il n'a jugé d'aucune utilité de le faire. En bas, et à gauche, est apposé un petit cachet de forme carrée, portant le nom : Yasou-nobou (ce cachet, sans doute fort rare, ne figure pas dans les traités).

Kakémono à l'encre, sur papier. Haut. : 1m12 ; larg. : 0m45. Monture vieilles soies.

(1) Parmi les autres surnoms dont Yasou-nobou fit tour à tour usage, nous citerons ceux de Shi-jo-tô, Bokou-shin-saï, Saï-kan-shi, Rio-fou-saï, Foudji-hara et Ou-kyo.

(2) KA-NO TAKA-NOBOU fonda la branche désignée sous le nom Ka-dji Bashi Ka-no (c'est-à-dire Kano du pont de Ka-dji). Yasou-nobou fut le 7e descendant de cette branche. (Voir note biographique sur Taka-nobou, page 13, note 1.)

(3) KA-NO SADA-NOBOU, fils aîné de Ka-no Mitsou-nobou, apprit la peinture de son père et suivit en outre la manière de son ancêtre Ka-no Yeï-tokou. Né le 7e jour du 4e mois de la 2e année de Keï-tcho (mai 1597), Sada-nobou mourut le 20e jour du 9e mois de la 9e année de Ghen-wa (octobre 1623) à peine entré dans sa 27e année.

BRANCHE DE KA-DJI-BASHI KA-NO.

KA-NO TAN-GHEN

Fin du XVIIe Siècle

Natif de la province de A-ki, cet artiste, qui porta les surnoms de Mori-hiro et de Mori-masa, apprit la peinture chez Ka-no Tan-shïn[1]. On ignore la date de sa mort, on sait seulement qu'il florissait durant les années de Ghën-rokou (1688-1703).

31. **Ka-no Tan-ghën.** A droite, près d'un saule aux branches tombantes, deux chevaux se poursuivent en tournoyant; deux autres sont arrêtés, dont l'un semble boire; enfin, le cinquième, à gauche, vu de dos, le cou allongé, hennit, la tête renversée en arrière. La signature, placée en haut et à droite, porte le nom : Mori-hiro.

Kakémono sur papier. Haut. : 0m275; larg. : 0m47. Monture vieilles soies.

BRANCHE KO-BIKI TCHO KA-NO.

KA-NO NAO-NOBOU

1606-1650

Fondateur de la branche Ko-biki-tcho Kano[2], cet artiste était le second fils de Ka-no Taka-nobou, par conséquent le frère cadet de Tan-niou. Nommé premièrement Kadzou-nobou, il prit ensuite le nom de Shiou-mé[3]. Il apprit la peinture chez son père, puis continua à travailler avec son frère Tan-niou. Le jeune artiste fit de grands et rapides progrès, et devint d'une habileté telle qu'il put fonder lui-même une école. Toutes ses peintures de paysages, de personnages, de plantes, d'oiseaux, etc., sont empreintes d'un goût admirable et d'une exquise élégance. Ses contemporains ont dit de

(1) KA-NO TAN-SHÏN, surnommé Mori-masa, était le fils aîné de Ka-no Tan-niou, il apprit la peinture chez son père, devint peintre officiel du gouvernement shogounal et fut promu au titre de " Ho-ghën ". Cet artiste, qui eut une certaine renommée, mourut dans le 10e mois de la 3e année de Kyo-ho (novembre 1718) à l'âge de 66 ans.

(2) C'est-à-dire Ka-no de la rue Ko-biki à Yé-do. On désignait sous ce nom cette branche de la grande famille, parce que tous ses membres demeuraient héréditairement dans cette rue.

(3) La lecture des cachets dont l'artiste se servit pour signer ses œuvres nous apprend qu'il porta encore les noms suivants : Ji-téki-sai, Foudji-hara et Zen-shiou.

KA-NO NAO-NOBOU

N° 33

KA-N

NOBOU

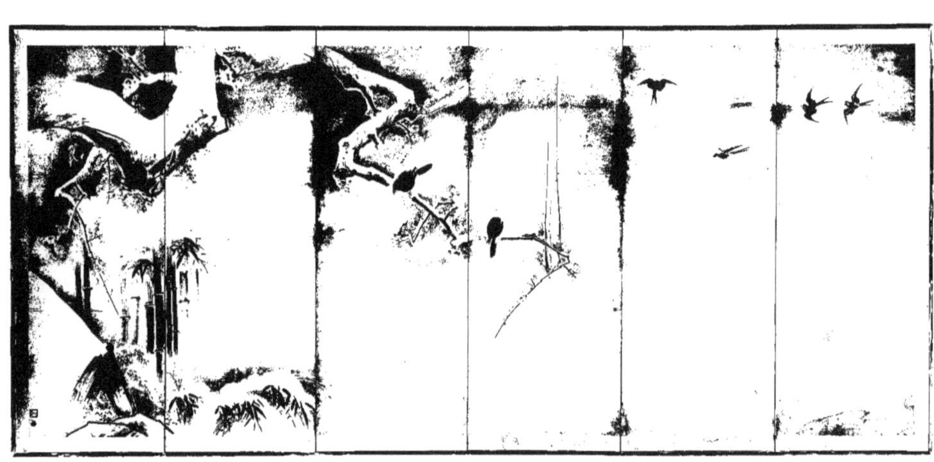

Nao-nobou qu'il possédait un talent de tout premier ordre, et qu'il était égal, sinon supérieur, à son frère Tan-niou. Malheureusement, il mourut jeune [1]. Il avait à peine 44 ans quand il succomba le 7e jour du 4e mois de la 3e année de Keï-an (mai 1650).

32. **Ka-no Nao-nobou.** Grand paravent de six feuilles. Sur le tronc tourmenté d'un vieux cerisier en fleurs, la neige vient de tomber. Elle charge les branches de l'arbre et les feuilles des bambous estompés dans la brume. Le soleil, qui vient de se lever, laisse deviner son disque énorme, obscurci par le brouillard. Deux tourterelles sont posées sur l'extrémité d'un rameau, des hirondelles volent dans le ciel. Cette œuvre remarquable donne l'impression d'une calme matinée de fin d'hiver, alors que le printemps lutte déjà contre les derniers froids. Les brouillards, peints à l'encre de Chine mêlée d'or, — procédé dont on prête l'invention à Nao-nobou, — font deviner que, malgré leur opacité, le soleil les réchauffe et va bientôt les dissiper. Aucune description ne peut rendre l'intense poésie de cette œuvre magistrale. En bas, à gauche, deux cachets rouges superposés. Le premier, carré, porte: Shiou-mé; l'autre, ayant la forme d'un brûle-parfums, donne : Nao-nobou.

Largeur totale du paravent : 3m86; haut. : 1m70. La monture consiste en une bande d'or très pâle, faisant valoir le ton chaud du papier.

33. **Ka-no Nao-nobou.** Paravent de six feuilles (pendant du précédent). Près d'un massif de bambous dont les dernières tiges se perdent dans le lointain, une famille de faisans prend ses ébats. Le mâle, tout occupé de chercher la nourriture de ses petits placés près de lui, fouille le sol du bec et des pattes. La mère, couchée sur le sol, repose. Un vol de passereaux traverse l'air à tire-d'aile pour se réfugier dans les bambous, où sont déjà posés quelques-uns de leurs pareils. Cette œuvre, sœur de celle que nous venons de décrire, rappelle l'été. Elle possède les mêmes qualités que l'autre. Nous y retrouvons, à côté des vigueurs des premiers plans, toute l'infinie délicatesse des lointains noyés dans les nuages. Ce paravent, monté comme le précédent, porte en bas, à droite, deux cachets superposés. Le premier, de forme carrée, donne le nom de Ka-no; l'autre, représentant un vase brûle-parfums, celui de Nao-nobou (2).

Un certificat, rédigé par Ka-no I-sën, atteste l'authenticité de ces paravents. En voici la traduction littérale : « Je viens « de visiter une paire de paravents de six feuilles chaque, représentant des tourterelles, des bambous, des faisans, des « moineaux, de la neige, des fleurs, et encore des oiseaux. Je certifie, par le présent écrit, qu'ils sont réellement du vrai « pinceau de Ji-teki-saï (surnom de Kano Nao-nobou). Signé : I-sën-ïn et encore Yeï-shïn (ce dernier nom de I-sën au-« dessus d'un paraphe). Daté du 9e jour du 11e mois, sous le signe du chien (3). »

34. **Ka-no Nao-nobou.** Moins importante que les œuvres dont nous venons de parler, cette peinture, malgré ses dimensions restreintes, nous fait éprouver les mêmes sensations d'art. Au lointain, le volcan Fouji dresse son pic neigeux au milieu des nuages. A gauche, une montagne boisée abrite un temple. A droite, une langue de terre, couverte de sapins, s'avance dans la mer. Cette peinture nous représente le même site que le no 4, peint par Ses--shiou; mais l'artiste s'est ici placé au niveau de la mer, au lieu de peindre du haut des rochers qui dominent le temple. En bas, à gauche, la signature Ji-teki-saï, au-dessous de laquelle un petit cachet rouge porte le nom : Ka-no.

Kakémono à l'encre, sur soie. Larg. : 0m70; haut. : 0m31. Monture vieilles soieries.

(1) Dans l'ouvrage japonais où nous puisons nos renseignements il est dit à ce propos : « Si Dieu, dans sa bienfaisance, eût accordé à Nao-nobou la liberté de « vivre plus longtemps, Ka-no Tan-niou, certainement, n'eût pas obtenu seul la « grande renommée. »

(2) Nao-nobou mort très jeune, travailla surtout, ainsi que son frère Tan--niou, pour les grands de l'empire. On dit qu'il fit, pour le " Sho-goun " alors au pouvoir, soixante paires de paravents. Il est probable que ceux que nous venons de décrire ont fait partie de cette merveilleuse série.

(3) Nous avons trouvé, sur la face interne du couvercle du coffre servant à renfermer ces paravents, une inscription, signée également I-sën-ïn, dans laquelle la date est indiquée très complètement. En effet, non seulement nous y lisons le second signe, qui ne fixe encore, uni au premier, qu'un point défini d'une période sexagénaire imprécise; mais aussi le nom du " nëngo ", durant lequel fut fait le certificat; et cela nous permet de déterminer nettement la période sexagé-naire. Le " nëngo " est Ka-yeï et les signes chronologiques correspondent à la troi-sième année de ce " nëngo ". La date complète est donc : Décembre 1850.

BRANCHE DE KO-BIKI-TCHO KA-NO.

KA-NO TSOUNÉ-NOBOU

1635-1713

Fils aîné de Ka-no Nao-nobou [1], cet artiste avait comme nom personnel Ou-kon. Il porta en outre, durant le cours de son existence, les surnoms de Yo-bokou, Ko-sën, Kwan-ko-saï, ou Ko-kwan-saï, et Seï-hakou-saï. Jeune encore Tsouné-nobou fut nommé par l'empereur " Naka tsoukasa kio " [2] et plus tard promu " Ho-ïn ". Élève de son père, l'illustre Nao-nobou, il parvint à se pénétrer complètement de la manière de ce dernier et devint un des grands artistes de cette merveilleuse école de Ka-no. Ses peintures à l'encre ou en couleurs, qu'elles représentent des paysages, des personnages, des plantes, des oiseaux ou des animaux, dénotent toujours une grande habileté. Certaines de ses œuvres, très chaudes de couleur, sont exécutées avec une exquise délicatesse. Leur facture les rapproche de l'école de To-sa, au point qu'on les confond avec les productions de la grande école impériale. Tsouné-nobou montra un remarquable talent dans l'expertise des anciennes peintures. Il mourut le 27e jour du 1er mois de la 3e année de Sho-tokou (Février 1713) il était alors âgé de 78 ans.

35. **Ka-no Tsouné-nobou.** Grand paravent de six feuilles. Un village caché dans un ravin au bord de la mer. Cette peinture rend d'une façon magistrale l'impression que donne en été le paysage japonais. Deux groupes d'arbres, puissamment traités, s'enlèvent en vigueur sur des collines rocheuses, noyées dans le brouillard; au loin, un temple se devine à mi-côte d'une haute montagne. Au premier plan, un village aux maisons couvertes de chaume. Dans la rue, animée de quelques personnages, nous assistons à des scènes de la vie courante. Des gens causent devant leurs portes, un homme conduit un cheval, un autre porte un fardeau. A gauche, parmi de hautes herbes, au bord de la mer, un homme pêche à la ligne dans son bateau. Près de lui des filets sont tendus. Plus loin, un petit îlot; à l'horizon, quelques barques. Rien ne saurait rendre l'impression de grandeur de cette peinture, certainement une des œuvres les plus parfaites du maître. Elle est largement brossée au pinceau de paille, procédé qui ne permet qu'une exécution large, vigoureuse et sans reprise. En bas, à droite, la signature : Tsouné-nobou, au-dessus d'un grand cachet rouge portant : Yo-bokou.

Paravent exécuté à l'encre sur papier. Larg. : 3m72; haut. : 1m69. Encadrement vieilles soies.

36. **Ka-no Tsouné-nobou.** Ce paravent (pendant du précédent) représente un paysage d'hiver. Au bord de la mer, un vieil arbre tordu, et en partie brisé, émerge d'un rocher derrière lequel sont des chaumières. A gauche, une petite rivière traversée par un pont, animé d'un personnage. Au fond, de hautes montagnes couvertes de neige. A droite, la mer, d'où s'élève un îlot couvert de végétation; au-dessus plane un vol d'oies sauvages.

(1) Et représentant de la 2e génération de la branche de Ko-biki tcho Ka-no.

(2) Il est fort probable que ce ne fut là qu'un titre honorifique, car le " Naka tsoukasa kio " ou ministre de l'intérieur était l'un des plus importants fonctionnaires dans l'ancien Japon. Il était de règle constante de ne nommer ministre de ce département, qu'un prince appartenant à la famille impériale. Nous lisons dans un ouvrage japonais, traitant tout spécialement des anciennes fonctions, que ce haut personnage avait pour mission d'empêcher l'Empereur d'accomplir des actions mauvaises, au besoin de l'exhorter au bien; en somme, de le guider moralement. Il devait encore examiner les actes signés par l'Empereur; exposer à ce dernier des notes ou mémoires concernant les procès populaires; contrôler la liste des femmes employées au palais, ainsi que les opérations des hauts fonctionnaires du " Dja-djo-kwan " (membres du cabinet). En un mot le " Naka tsoukasa kio " devait connaître tout ce qui se passait dans l'État.

KA NO TSUNE-NOBOU

N 30

一

KA-NO TSOUNÉ-NOBOU

N° 35

Dans un lointain brumeux on aperçoit des falaises. Au premier plan, un bateau, la voile gonflée par le vent, est suivi d'une petite barque. Cette œuvre, qui traduit avec un rare bonheur l'impression de rivages immenses, noyés dans la brume de mer, possède toutes les qualités de la peinture décrite au précédent numéro. Elle a été exécutée à l'aide des mêmes procédés. En bas, à gauche, la signature Tsouné-nobou. Au-dessous un cachet rouge portant les caractères : Yo-bokou.

Paravent de six feuilles, à l'encre, sur papier. ■ Larg. : 3m72; haut. : 1m69. ■ Encadrement vieilles soies.

37. **Ka-no Tsouné-nobou.** Un petit oiseau, sorte de martin-pêcheur, que les Japonais ont si poétiquement surnommé "kava-semi" (cigale de rivière), voltige au-dessus de lotus et de plantes aquatiques. Composition à l'encre, avec quelques touches d'indigo et de rouge brique. C'est une œuvre de jeunesse du maître; pourtant la manière large dont il a su traiter cette peinture nous le montre déjà en pleine possession de son pinceau. En bas et à droite, sous le sujet, se trouve la signature : Tsouné-nobou et un cachet rond portant : Ka-no.

Kakémono sur papier. ■ Haut. : 0m865; larg. : 0m265. ■ Monture en vieilles soies.

38. **Ka-no Tsouné-nobou.** Perché à l'extrémité de la maîtresse branche d'un arbre, au-dessus d'une cascade, un petit oiseau se détache en noir intense sur un fond gris jaunâtre. Œuvre d'une originalité et d'une exécution toutes charmantes. Un petit cachet rouge, placé en haut et à droite près du motif, porte la signature : Yo-bokou.

Kakémono sur papier. ■ Haut. : 0m31; larg. : 0m49. ■ Monture en vieilles soies.

39. **Ka-no Tsouné-nobou.** Grand paravent de deux feuilles. Encre de Chine, sur papier rehaussé de semis d'or en paillettes. La composition, formant un sujet d'ensemble séparé au milieu par la monture, semble avoir été faite ainsi pour former deux panneaux. Elle représente des chevaux sauvages s'ébattant dans un paysage montagneux. Le panneau de droite nous montre un groupe de chevaux couchés au pied d'un très gros arbre, un saule dont les hautes branches se continuent sur l'autre panneau. Derrière l'arbre, la montagne descend brusquement. Sur une sorte de plateau, dans l'autre partie du motif, plusieurs chevaux enchevêtrent leurs galopades dans des attitudes variées. Plus bas, deux autres chevaux se poursuivent, durant qu'un troisième se roule voluptueusement sur le dos. L'artiste se montre ici sous un jour tout particulier, car il traite les chevaux avec une habileté que n'eût pas désavouée Ka-no Tan-niou, si célèbre dans ce genre de représentations. A l'aide de paillettes d'or, semées avec le meilleur goût, le maître nous donne l'illusion parfaite de nuages et de vapeurs transparentes du plus agréable effet. En bas, à droite, la signature Tsouné-nobou et un cachet rouge portant le nom Fouji-hara.

Ce paravent mesure, avec son encadrement en vieilles soies, ■ Larg. : 1m82; haut. : 1m68.

40. **Ka-no Tsouné-nobou.** Sur les hautes branches d'un arbre dépouillé sont perchés quelques corbeaux; d'autres se dirigent vers eux à tire-d'aile. Cette peinture, étroite et très haute, est de celles que préfèrent les "tcha-jin", comme ornement de la salle où ils se réunissent pour la cérémonie du thé ("tcha-no-you"). C'est une œuvre toute simple et du goût le meilleur. En bas, à droite, se trouve la signature : Tsouné-nobou. Au-dessous un cachet rouge porte les caractères Tsouné-nobou no in (c'est-à-dire : cachet de Tsouné-nobou).

Kakémono exécuté à l'encre, sur papier. ■ Haut. : 1m15; larg. : 0m20. ■ Monture en vieilles soies.

41. **Ka-no Tsouné-nobou.** Dans un étang, où croissent de hautes herbes recouvertes d'une épaisse couche de neige, trois hérons, frileusement ramassés sur eux-mêmes, sont groupés en de telles attitudes que l'on croirait voir un trio de sages philosophant gravement. Le premier aspect de simplicité de cette peinture n'est pourtant qu'apparent ; car la facture en est, au contraire, très serrée. L'artiste a dû observer très attentivement ces oiseaux avant de les reproduire. Tout est naturel dans sa composition, et il n'est pas jusqu'au plumage, qui n'ait été scrupuleusement étudié et fidèlement rendu. On a devant cette œuvre l'impression d'une chose vue : c'est toujours un des côtés admirables de l'art des grands maîtres de cette école. En bas, à droite, se trouve la signature Tsouné-nobou. Au-dessous, un petit cachet rouge porte le nom Yo-bokou.

Kakémono exécuté sur soie, à l'encre, avec quelques légers tons de bleu et de jaune, auxquels viennent s'ajouter des touches de gouache ■ Larg. : 0m685; haut. : 0m405. ■ Monture en vieilles soies.

42. **Ka-no Tsouné-nobou.** Dans un ruisselet, où croissent quelques roseaux et de larges nénuphars, un petit oiseau — sorte de bergeronnette —, posé sur une de ces plantes, semble se désaltérer. La signature placée en bas et à droite se lit : Tsouné-nobou. Au-dessous, un petit cachet rouge, de forme carrée porte le nom Ou-kon. Charmante composition exécutée à l'encre.

Kakémono sur papier. ■ Larg. : 0m505; haut. : 0m285. ■ Monture vieilles soies.

BRANCHE DE KO-BIKI-TCHO KA-NO.

KA-NO KORÉ-NOBOU

1752-1808

Nommé d'abord Yeï-ji-ro, ce peintre portait comme surnoms Ghën-shi-saï et Yo-sën-ïn. Il est souvent désigné sous ce dernier [1]. Fils de Ka-no Tën-shïn [2], il apprit (de son père probablement) les principes de peinture de sa famille, qu'il suivit avec un certain talent; ce qui lui valut le titre de Ho-ïn [3]. Koré-nobou avait 56 ans, quand il mourut le 13e jour du 1er mois de la 5e année de Boun-ka (février 1808).

43. **Ka-no Koré-nobou.** A l'extrémité d'un gros bambou brisé, dont les feuilles se détachent en noir intense, un petit oiseau est posé dans l'attitude du repos. Les feuilles placées au bas du bambou font, par leur noir vigoureux, une heureuse opposition à la tige exécutée à l'encre légère. De même, l'oiseau peint en gris, avec quelques accents très noirs, se détache en haut de la composition sur le ton jaunâtre du fond. En bas, est placée la signature: Yo-sën " Ho-ghën "; au-dessous, est apposé un petit cachet rouge, de forme carrée, portant le nom : Ghën-saï ?...

Kakémono sur papier. Haut.: 0m91; larg.: 0m285. Monture en vieilles soies.

44. **Ka-no Koré-nobou.** Sur le tronc desséché d'un vieil arbre, d'où pendent quelques lianes aux feuilles rouillées, un merle retourne la tête, regardant en arrière. Dans cette peinture, où nous retrouvons, mais avec plus de vigueur, les mêmes qualités que dans la précédente, l'artiste semble avoir tout particulièrement observé l'attitude de l'oiseau, qu'il a rendu avec beaucoup de vérité, En bas, à droite, se trouve la signature Yo-sën Ho-ghën. Apposé au-dessous, un petit cachet rouge, de forme carrée, porte le nom Ghën-saï.

Kakémono sur papier. Haut. : 0m905; larg. : 0m265. Monture vieilles soies.

BRANCHE DE KO-BIKI-TCHO KA-NO.

KA-NO I-SEN [4]

1774-1828

Cet artiste, fils aîné de Ka-no Koré-nobou [5] et sixième représentant de la branche fondée par Ka-no Taka-nobou [6], eut pour premier nom Yeï-ji-ro et porta le surnom de Ghën-sho-saï [7]. Plus tard, ayant été promu Ho-ïn, il signa I-sën-ïn.

(1) Nous savons en outre qu'il signa Kan-gan et Ghën-saï.

(2) Ka-no Tën-shïn surnommé Yeï-sën-ïn, ou Yo-sën, était le fils de Ka-no Fourou-nobou.

Peintre officiel de la maison du " Sho-goun ", il fut promu au titre de " Ho-ïn ". Cet artiste est mort durant le 8e mois de la 2e année de Kwan-seï (septembre 1790) à l'âge de 61 ans.

(3) Par la signature d'une des peintures du maître, nous constatons qu'il fut aussi nommé " Ho-ghën ".

(4) Il est également connu sous le nom de Ka-no Yeï-shïn.

(5) Voir sa biographie en haut de la présente page.

(6) Cette branche est désignée sous le nom " Ko-biki-tcho Ka-no ".

(7) You-ghën-saï, suivant une autre opinion.

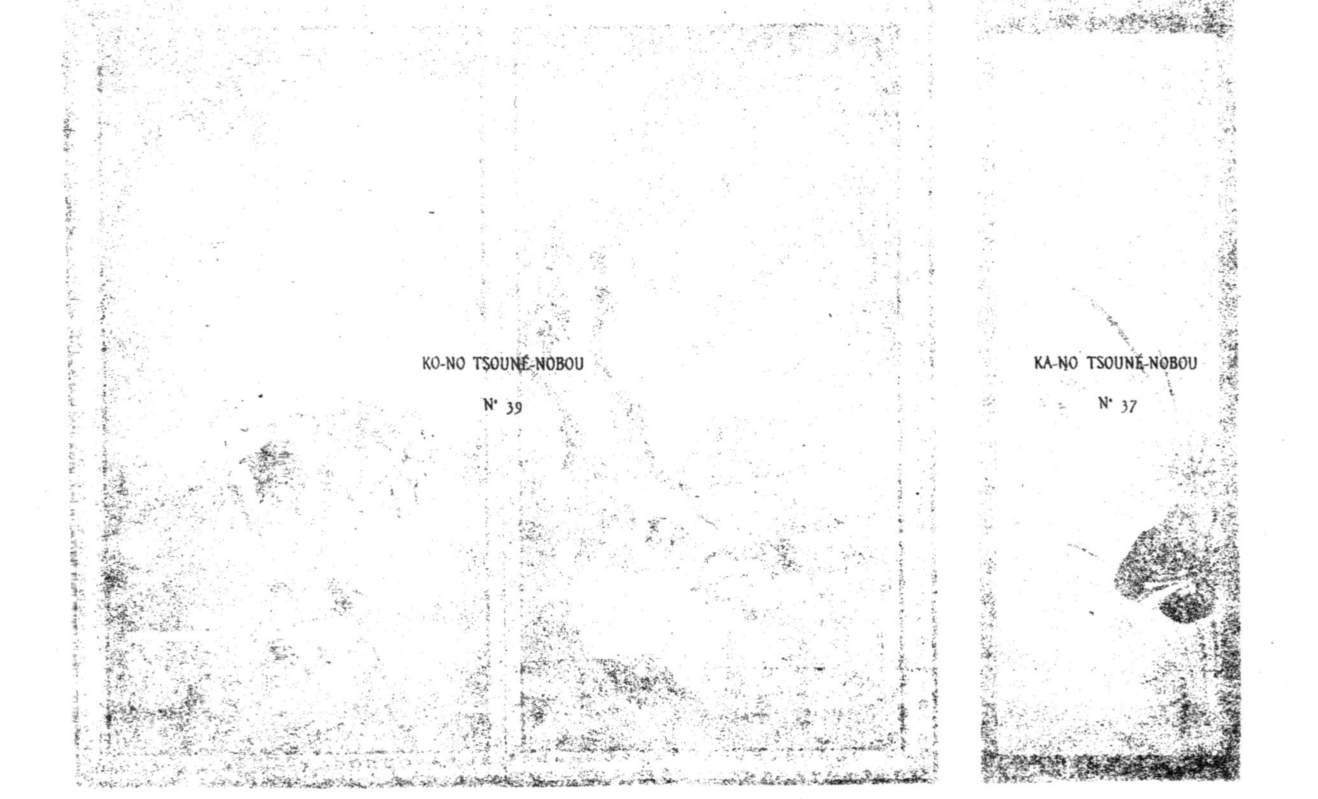

KO-NO TSOUNÉ-NOBOU

N° 39

KA-NO TSOUNÉ-NOBOU

N° 37

BRANCHE DE KO-BIKI-TCHO KA-NO.

KA-NO KORÉ-NOBOU

1752-1808

Nommé d'abord Yeï-ji-ro, ce peintre portait comme surnoms Ghën-shi-saï et Yo-sën-ïn. Il est souvent désigné sous ce dernier [1]. Fils de Ka-no Tën-shïn [2], il apprit (de son père probablement) les principes de peinture de sa famille, qu'il suivit avec un certain talent; ce qui lui valut le titre de Ho-ïn [3]. Koré-nobou avait 56 ans, quand il mourut le 13ᵉ jour du 1ᵉʳ mois de la 5ᵉ année de Boun-ka (février 1808).

43. **Ka-no Koré-nobou.** A l'extrémité d'un gros bambou brisé, dont les feuilles se détachent en noir intense, un petit oiseau est posé dans l'attitude du repos. Les feuilles placées au bas du bambou font, par leur noir vigoureux, une heureuse opposition à la tige exécutée à l'encre légère. De même, l'oiseau peint en gris, avec quelques accents très noirs, se détache en haut de la composition sur le ton jaunâtre du fond. En bas, est placée la signature: Yo-sën " Ho-ghën "; au-dessous, est apposé un petit cachet rouge, de forme carrée, portant le nom : Ghën-saï?...

Kakémono sur papier. Haut.: 0ᵐ91; larg.: 0ᵐ285. Monture en vieilles soies.

44. **Ka-no Koré-nobou.** Sur le tronc desséché d'un vieil arbre, d'où pendent quelques lianes aux feuilles rouillées, un merle retourne la tête, regardant en arrière. Dans cette peinture, où nous retrouvons, mais avec plus de vigueur, les mêmes qualités que dans la précédente, l'artiste semble avoir tout particulièrement observé l'attitude de l'oiseau, qu'il a rendu avec beaucoup de vérité. En bas, à droite, se trouve la signature Yo-sën Ho-ghën. Apposé au-dessous, un petit cachet rouge, de forme carrée, porte le nom Ghën-saï.

Kakémono sur papier. Haut. : 0ᵐ905; larg. : 0ᵐ265. Monture vieilles soies.

BRANCHE DE KO-BIKI-TCHO KA-NO.

KA-NO I-SEN [4]

1774-1828

Cet artiste, fils aîné de Ka-no Koré-nobou [5] et sixième représentant de la branche fondée par Ka-no Taka-nobou [6], eut pour premier nom Yeï-ji-ro et porta le surnom de Ghën-sho-saï [7]. Plus tard, ayant été promu Ho-ïn, il signa I-sën-ïn.

(1) Nous savons en outre qu'il signa Kan-gan et Ghën-saï.

(2) Ka-no Tën-shïn surnommé Yeï-sën-ïn, ou Yo-sën, était le fils de Ka-no Fourou-nobou.

Peintre officiel de la maison du " Sho-goun ", il fut promu au titre de " Ho-ïn ". Cet artiste est mort durant le 8ᵉ mois de la 2ᵉ année de Kwan-seï (septembre 1790) à l'âge de 61 ans.

(3) Par la signature d'une des peintures du maître, nous constatons qu'il fut aussi nommé " Ho-ghën ".

(4) Il est également connu sous le nom de Ka-no Yeï-shïn.

(5) Voir sa biographie en haut de la présente page.

(6) Cette branche est désignée sous le nom " Ko-biki-tcho Ka-no ".

(7) You-ghën-saï, suivant une autre opinion.

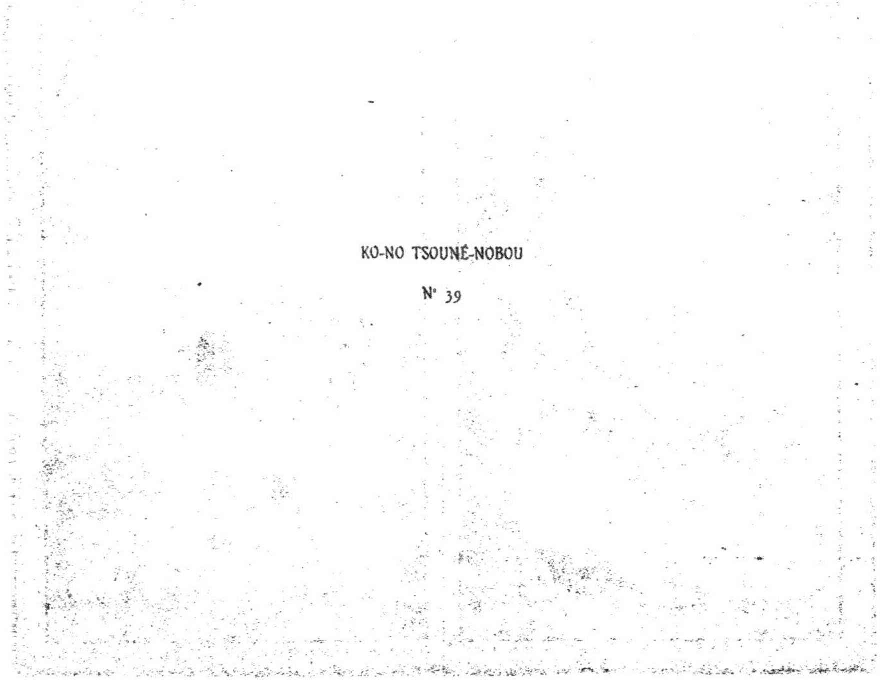

KO-NO TSOUNÉ-NOBOU

N° 39

KA-NO TSOUNÉ-NOBOU

N° 37

KA-NO DO-SHIOUN

N° 46

KA-NO DO-SHIOUN

N° 47

KA-NO DO-SHIOUN

N° 48

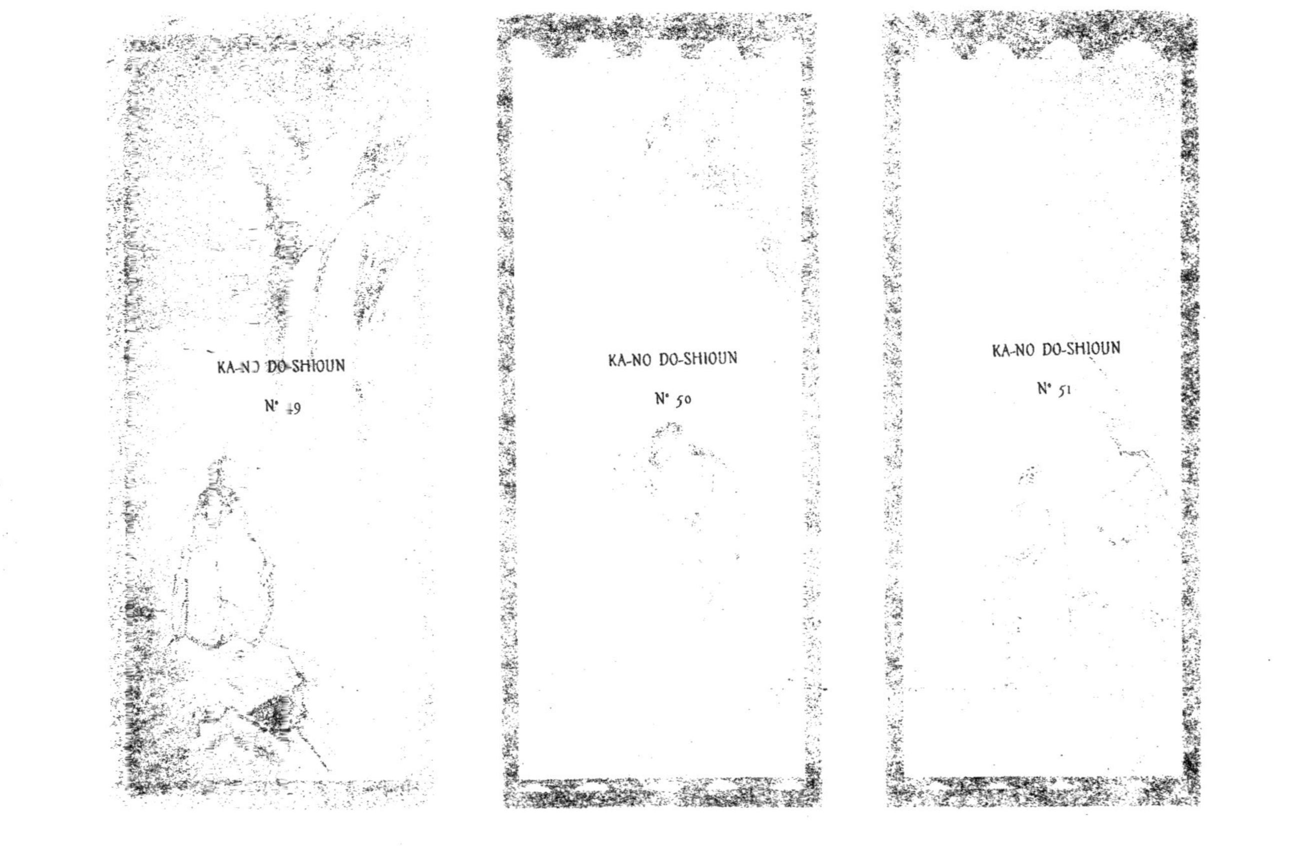

KA-NO DO-SHIOUN

N° 49

KA-NO DO-SHIOUN

N° 50

KA-NO DO-SHIOUN

N° 51

I-sën suivit fidèlement en peinture la manière de son père (qui lui enseigna fort probablement les principes de son art). Ses œuvres, à l'encre légère, ressemblent beaucoup à celles de Ka-no Nao-nobou. Ce maître, qui jouit d'une certaine réputation, est mort le 3ᵉ jour du 7ᵉ mois de la 11ᵉ année de Boun-seï (août 1828), dans sa 54ᵉ année.

45. Ka-no I-sën. Peints à l'encre légère accentuée de taches d'un noir intense, deux petits martins-pêcheurs sont posés côte à côte sur la tige flexible d'un roseau, qui retombe. Les accents du plumage des oiseaux, de l'extrémité fleurie du roseau sur lequel ils sont posés, aussi bien que de l'inscription formant la signature, exécutés en noir profond, présentent, avec le reste du sujet traité en gris, une opposition aussi heureuse qu'habile. En bas et à gauche, se trouve la signature I-sën-ïn, sous laquelle un cachet rouge porte le nom : Ka-no.

Kakémono sur papier. Haut. : 1ᵐ025 ; larg. : 0ᵐ40. Monture en vieilles soies.

BRANCHE DE SHOUN-GA-DAÏ KA-NO.

KA-NO DO-SHIOUN

Mort en 1724

Second représentant de la branche de Shoun-ga-daï Ka-no [1], Do-shioun était le fils adoptif [2] de Ka-no Masou-nobou [3]. Son premier nom fut Kané-nobou ; puis, il prit celui de Yoshi-nobou, et porta encore les surnoms de Masa-nobou, Masou-nobou [4] et Shiou-sën-saï. Ayant appris la peinture sous la direction de son père, il devint par la suite un artiste d'une habileté remarquable. Do-shioun est mort le 12ᵉ jour du 12ᵉ mois de la 8ᵉ année de Kyo-ho (janvier 1724).

46. Ka-no Do-shioun. Cette peinture (la première d'une suite de huit " kakémono ") nous montre trois personnages probablement Sakia-mouni, Confucius et Lao-tseu, debout sur un tertre, dissertant avec animation. Les physionomies, très caractérisées, les gestes pleins de noblesse, aussi bien que les costumes drapés avec art ; tout dans cette composition est rendu avec une grande habileté. Deux cachets rouges, de forme carrée, placés en bas et à gauche, portent, l'un : Ka-no ; l'autre : Yoshi-nobou.

Pour ce kakémono et les sept suivants peints sur papier : Haut. : 1ᵐ28 ; larg. : 0ᵐ505. Monture vieilles soies.

47. Ka-no Do-shioun. Debout, sur une élévation de terrain, la déesse Bën-tën nous apparaît dans un somptueux costume, derrière quelques maigres bambous. La déesse a redressé, de sa main gauche, l'une de ces frêles tiges, dont les ramilles légères retombent encore au-dessus de sa tête. Les autres, trop chétives pour se tenir seules, s'inclinent vers la terre. Il semble que l'artiste ait voulu, par cette peinture symbolique, faire allusion à notre faible humanité. Cette composition, d'une facture un peu chinoise, est remarquable par la douceur des tonalités, l'habileté de l'exécution et la poésie qui s'en dégage. Les deux cachets portant les noms Ka-no et Yoshi-nobou sont ici placés en bas, à droite.

(1) C'est-à-dire Ka-no de Shoun-ga-daï (nom d'un quartier de Yé-do).

(2) D'après certains auteurs il était le véritable fils de Masou-nobou.

(3) MASOU-NOBOU, connu aussi sous le nom de Do-oûn, fonda la branche Shoun-ga-daï Ka-no. Il fut d'abord l'élève de Ka-no Tan-niou, dont il devint le fils adoptif. Ce très habile peintre fut promu " Ho-ghën " et attaché à la maison de Tokou-gava en qualité de peintre. Masou-nobou est mort le 8ᵉ jour du 1ᵉʳ mois de la 7ᵉ année de Ghën-rokou (février 1694) à l'âge de 70 ans.

(4) Ce surnom, qui avait été le principal nom de son père adoptif, se prononce aussi Foukou-shin.

48. **Ka-no Do-shioun.** Sur un tertre, où poussent quelques brins d'herbe, un personnage (fort probablement Sakia-mouni) est assis, les jambes croisées, tenant dans sa main droite une aiguille enfilée, et passe l'extrémité libre du fil dans sa bouche. Il s'apprête, d'un geste large, à coudre un morceau de tissu placé devant lui. Au second plan, derrière le personnage, une haute montagne borne l'horizon. Cette composition, exécutée en des tons d'encre de différentes valeurs, est traitée selon la grande manière de l'école de Ka-no. Elle ne le cède en rien aux peintures que nous venons de décrire. Les deux cachets : Ka-no et Yoshi-nobou sont placés en bas, à droite.

49. **Ka-no Do-shioun.** Un personnage (peut-être Lao-tseu ?...) debout sur un rocher, au bord d'un précipice, semble contempler une cascade dont les eaux vertigineuses descendent d'une haute montagne placée en face de lui et s'abîment dans le gouffre béant à ses pieds. En bas, et à gauche les deux cachets Ka-no et Yoshi-nobou.

50. **Ka-no Do-shioun.** Près d'un énorme pot, dans lequel il puise du liquide à l'aide d'une cuiller de bambou, se tient un " sho-jo " (1) dont les cheveux rouges encadrent la face joyeuse et rubiconde. Au-dessus du personnage est un gros arbre aux branches retombantes. On retrouve la tradition du grand Ka-no, dans l'observation sincère et dans le rendu du modelé. Les cachets Ka-no et Yoshi-nobou sont placés en bas, à droite.

51. **Ka-no Do-shioun.** Debout sur un tertre, un personnage (Confucius probablement), drapé dans les plis d'un ample vêtement, médite profondément. Près de lui, à sa gauche, une blanche cigogne, emblème de longévité, allonge le cou vers le philosophe. Derrière l'oiseau, un jeune enfant contemple lui aussi le personnage sacré. Au dernier plan, un cerisier en fleurs. Cette peinture, exécutée en des tonalités légères, relevées par quelques touches de noir et de gouache, est rendue avec un grand sentiment de vérité et de poésie. Les deux cachets Ka-no et Yoshi-nobou sont placés en bas, à droite.

52. **Ka-no Do-Shioun.** Un personnage (probablement Sakia-mouni), tenant un aviron sous son bras droit, est debout dans sa barque. Il a l'air fort surpris de voir surgir, du milieu des flots, un prêtre qui semble implorer sa miséricorde. A gauche, près de la barque, se voient quelques roseaux. Cette peinture, exécutée à l'encre, et quelques légers tons de jaune et de vert, porte les cachets Ka-no et Yoshi-nobou placés en bas, à gauche.

53. **Ka-no Do-shioun,** Un personnage, tenant de sa main droite une lame en forme de scie, et de l'autre un jeune tigre qu'il élève, à bout de bras, semble s'apprêter à accomplir un sacrifice. En bas, à gauche, les cachets Ka-no et Yoshi-nobou,

FONDATEUR DE LA BRANCHE VIII.

KA-NO NAGA-NOBOU

1576-1654

Ce Cinquième fils de Ka-no Sho-yeï [2], ce peintre, nommé d'abord Ghën-shit-chi-rô, renonça plus tard à ce nom pour celui de Sa-yé-mon. Il prit aussi le surnom de Kiou-hakou [3]. Élève de son père, et devenu par la suite un habile artiste, il fonda un atelier particulier. Arrivé à un certain âge, Naga-nobou " se rasa

(1) Les " Sho-jo " sont des sortes de demi-dieux aimant fort à boire.
(2) Voir la biographie de cet artiste, page 11.
(3) Il est quelquefois désigné sous ce surnom par les auteurs japonais parce qu'il signa souvent ainsi.

SEI-GHEN WA-SHIOU

N° 133

KA-NO NAGA-NOBOU

N° 54

la tête" et fut nommé "hô-kyô", selon les uns, "hô-ghën", suivant les autres; il vint s'installer à Yé-do, où il obtint un grand succès. Ce fut probablement là que le maître s'éteignit à l'âge de 78 ans, le 18ᵉ jour du 11ᵉ mois de la 3ᵉ année de Sho-ô (décembre 1654).

54. **Ka-no Naga-nobou.** Paravent à deux feuilles. Sur le panneau de droite, un "shi-shi" (lion chimérique) tenant, serrée dans sa gueule, une branche fleurie de pivoine rose pâle, roule des yeux terribles. Le panneau de gauche nous montre, sortant des interstices d'un rocher, quelques pieds de pivoines aux fleurs rouges, blanches ou rosées, largement épanouies. L'exécution très large, surtout celle de l'animal, nous prouve que Naga-nobou, malgré les soixante-neuf ans qu'il accuse, était encore, à cet âge, en pleine possession de son pinceau. Chacun des panneaux porte (en bas, l'un à gauche et l'autre à droite), la signature : Ka-no Kiou-hakou, avec la mention : « allant dans sa soixante-neuvième année. » Au-dessous, un cachet rouge dont nous n'avons pu déchiffrer les caractères. Ce paravent, exécuté sur papier, est magnifiquement colorié et rehaussé d'or.

Larg. : 1ᵐ56; haut. : 1ᵐ34. Monture ancienne en papier moiré d'or imitant le tissu.

BRANCHE DE KYO KA-NO.

KA-NO SAN-RAKOU

1557-1635

Fils de Ki-moura Yeï-mitsou [1], cet artiste se nommait Mitsou-yori de son nom personnel. San-rakou, qui fut d'abord son surnom, devint ensuite son nom principal. Doué de grandes dispositions pour la peinture, il eut le bonheur d'avoir pour professeur Ka-no Moto-nobou, qui avait été celui de son père. Ce fut à la suite de son entrée chez ce maître, qu'il prit le surnom de Ka-no Shiou-ri. San-rakou fut un des plus habiles artistes de la grande école de Ka-no. Il peignait supérieurement les personnages, les paysages, les fleurs et les oiseaux. Indépendamment de la manière de Moto-nobou, qu'il suivit admirablement, il s'inspira encore de celles des vieux peintres de To-sa. Après quoi, il se créa un genre très personnel, et l'école qu'il ouvrit fut grandement appréciée. San-rakou mourut à l'âge de 78 ans, dans le 8ᵉ mois de la 12ᵉ année de Kwan-yeï (septembre 1635).

55. **Ka-no San-rakou.** Très petit panneau dont le motif, rendu en de robustes traits à l'encre, représente un cheval couché, les deux jambes de derrière ramenées complètement sous lui. La tête, relevée, est très expressive; l'ensemble, d'une facture très osée, et d'une grande fermeté d'exécution. Elle dénote, chez l'auteur, une parfaite connaissance de son sujet. En bas, à droite, deux cachets rouges superposés; celui d'en haut, presque carré, porte : Ka-no, et l'autre, affectant la forme d'un vase : Mitsou-yori.

Peinture sur papier. La monture se compose de deux bandes de vieilles soies. Larg. : 0ᵐ63; haut. : 0ᵐ43.

(1) KI-MOURA YEI-MITSOU, natif de la province de O-mi, apprit la peinture chez Ka-no Moto-nobou et devint un artiste de mérite. Il peignit particulièrement bien les fleurs et les oiseaux. On sait que, arrivé à un certain âge, « il se consacra à Bouddha »; mais on ignore la date exacte de sa mort. Il vivait pourtant encore dans les années de Ghën-ki (1570-1572).

École de So-ga

SO-GA TCHOKOU-AN

XVIe Siècle

So-ga Tchokou-an, né dans la province de Etchi-zën, était le fils de So-ga Sho-sho, peintre de mérite, et le sixième descendant de So-ga Ja-sokou, fondateur de l'école qui garda son nom (1). Notre artiste s'appela d'abord Sho-shoun, puis Heï Tchokou-an et enfin Tchokou-an. Il étudia les principes des So-ga ses ancêtres et peignit avec la même habileté les oiseaux, les fleurs, les paysages; mais se montra un maître de tout premier ordre dans la représentation des oiseaux de vénerie. Vers la fin de sa vie, Tchokou-an quitta sa province natale, pour aller s'établir dans celle de Idzou-mi, où il mourut durant le "nëngo" Keï-tcho (1596-1614) (2).

Cette précieuse suite d'oiseaux de proie forme un ensemble rare dans l'œuvre demeuré de cet artiste vénérable. Elle est intéressante grandement, non seulement par sa beauté suprême, mais encore par le rapprochement qui s'établit involontairement dans l'esprit entre l'esthétique de Tchokou-an et celle qui guidait les antiques décorateurs des hypogées de Beni Hassan. L'hiératisme est un peu plus affirmé chez ces derniers peut-être; mais le sens décoratif de la tache est bien près d'être le même chez les vieux maîtres égyptiens et le grand artiste japonais. Et, si c'en était ici le lieu, il serait facile d'établir encore, entre autres contacts esthétiques, celui de ces peintures si sobrement riches avec les miniatures de la Perse ou celles de l'Europe au Moyen âge. Contentons-nous de dire que cette sixaine de chefs-d'œuvre est la vision d'un cerveau d'artiste incomparable, servi par un don d'observation merveilleux et une impeccable habileté d'exécution.

56. **So-ga Tchokou-an.** (Attribué à). Le maître semble avoir voulu faire deux pendants de cette peinture et de la suivante. Ici, nous voyons un faucon, au plumage gris brun pâle et blanc, perché à l'extrémité d'une branche. L'oiseau est représenté de profil droit, la tête légèrement rentrée dans les épaules. L'harmonie des bistres et des blancs, très douce, n'enlève rien à la puissance de l'exécution et de l'effet. L'intensité de vie du rapace, la justesse de son mouvement attirent d'abord le regard; puis l'esprit est retenu par le caractère hautement décoratif de l'arrangement et le charme de la facture si simplement habile. Cette peinture, ainsi que la suivante, mesure : Haut. : 1m21; larg. : 0m46.

57. **So-ga Tchokou-an.** (Attribué à). Ce faucon, qui fait si bien la paire (d'ennemis) avec le précédent, est posé sur le tronc d'un arbuste aux larges feuilles. Vu entièrement de profil gauche, l'oiseau va s'élancer. Le pennage est nettement brun foncé sur toute la partie postérieure du corps et blanc légèrement lamellé de noir sur la gorge, la poitrine et le ventre. L'harmonie en est marquée dans l'exécution de quelque dureté voulue. C'est encore là une œuvre superbe, de grande vérité et de grand style tout à la fois.

58. **So-ga Tchokou-an.** (Attribué à). Le rapace représenté sur ce panneau (qui fait pendant au suivant), se tient debout sur la branche d'un arbre dépouillé, nous montrant son profil dans une pose d'une rare noblesse et d'un naturel saisissant. Le pennage est, sur le sommet de la tête, le dos et les ailes, d'un brun profond et

(1) L'école de So-ga fut fondée par So-ga Ja-sokou, vers le milieu du XVe siècle.

(2) Malgré nos longues et patientes recherches, il nous a été impossible de découvrir, dans aucun traité de peinture, trace d'une signature ou d'un cachet employés par So-ga Tchokou-an. Nous avons trouvé au contraire plusieurs cachets et signatures de son fils Ni Tchokou-an. Peut-être le vieux maître japonais ne signait-il pas plus ses œuvres que ne le faisaient les primitifs européens.

SO-GA TCHOKOU-AN

N° 56

SO-GA TCHOKOU-AN

N° 60

SO-GA TCHOKOU-AN.

N° 57

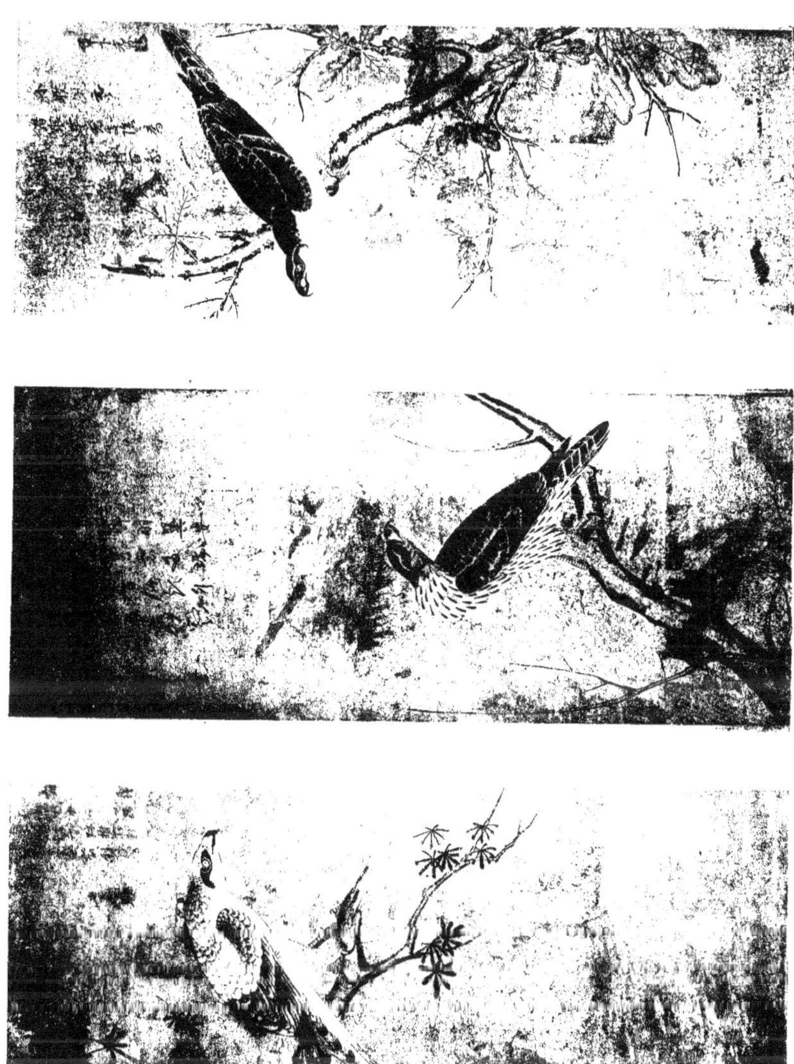

SO-GA TCHOKOU-AN

N° 58

SO-GA TCHOKOU-AN

N° 61

SO-GA TCHOKOU-AN

N° 59

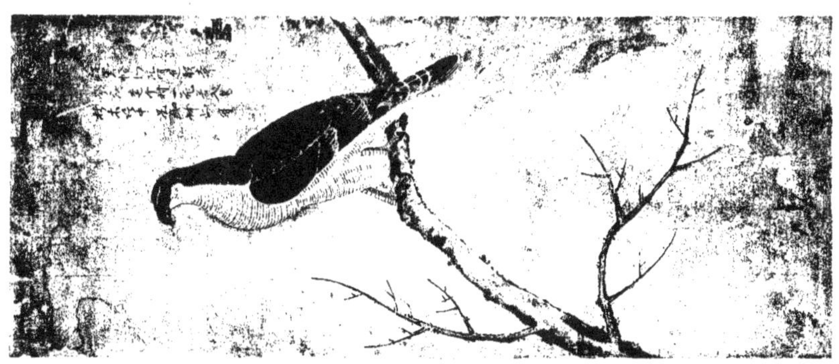

soyeux, taché d'une nuance plus foncée sur les faces latérales du chef, les rémiges et les rectrices. Le dessous de la tête est blanchâtre; la poitrine, le ventre et les cuisses d'un jaune éteint, moucheté de brun foncé.

Cette peinture et les trois suivantes mesurent : Haut. : 1m 21; larg. : 0m 51.

59. **So-ga Tchokou-an.** (Attribué à). De même que son vis-à-vis, l'oiseau représenté ici est au repos; mais il est vu de profil gauche et dans une pose encore plus hiératique, si possible. Son plumage est d'un gris brun foncé, nuancé d'une tonalité plus sombre à l'extrémité des rémiges et des rectrices. Toute la partie antéro-inférieure du corps est burelée de noir. L'ensemble est d'une harmonie admirable.

60. **So-ga Tchokou-an.** (Attribué à). Cette peinture et la suivante semblent bien encore devoir être accouplées d'après l'intention de l'artiste. L'oiseau, posé sur un arbuste dénudé, est de la même espèce que celui du numéro 58, mais bien différent d'attitude. Il regarde à droite, tandis que son corps est tourné vers la gauche. En outre il ne porte aucune plume blanche et le ton brunâtre de son dos est un peu plus foncé. Par le dessin, la couleur, l'arrangement, l'élévation du style et le naturalisme, cette peinture n'est certes point inférieure aux précédentes.

61. **So-ga Tchokou-an.** (Attribué à). Perché sur le tronc d'un arbuste contourné, dans une pose un peu hiératique sans cesser d'être naturelle, le faucon représenté sur ce panneau ressemble comme espèce à ceux des numéros 57 et 59. Il est du même ton brun foncé profond sur le dos et sur la tête; du même blanc finement strié de noir sur toute la partie antéro-inférieure du corps. Tandis que le reste de l'animal est tourné de trois quarts à droite, la tête de profil relevé, regarde à gauche. La serre droite se contracte férocement.

SO-GA NI TCHOKOU-AN

Fin du XVIe Siècle

Son père, So-ga Tchokou-an, lui ayant légué son nom, il y ajouta "Ni daï mé" (c'est-à-dire : deuxième du nom). Il abrégea plus tard cette mention, en ne gardant plus que le premier des trois caractères qui servent à l'écrire et signa alors : Ni Tchokou-an (ou Tchokou-an IIe). De même que son illustre père, dont il semble avoir possédé tout le talent, il peignit également bien le paysage, l'être humain, la fleur, l'oiseau, etc.; mais il excella surtout dans la représentation des faucons. Il semble impossible de donner à ces rapaces une intensité de vie plus grande que celle dont Ni Tchokou-an les a animés dans ses tableaux. Malheureusement les œuvres de cet artiste sont d'une extrême rareté. On ignore la date de sa naissance et celle de sa mort; cette ignorance est grandement regrettable. Il nous est permis toutefois de supposer qu'il vécut à la fin du XVIe siècle; puisque son père mourut dans la période qui va de 1596 à 1614

62. **So-ga Ni Tchokou-an.** Posé de profil droit sur son perchoir, un faucon, ému de quelque bruit, a brusquement retourné la tête et agite ses grandes ailes. Le bec entr'ouvert rageusement, le regard menaçant, les ailes battantes, les pennes rectrices développées en éventail, les serres décrispées prêtes à quitter le bois qui les supporte, tout concourt à donner à l'oiseau une intense et féroce expression de colère. Le dessin est admirable, la couleur merveilleuse. La robe du rapace est d'une harmonie somptueuse en sa simplicité. Elle présente une gamme de bruns, allant du ton bitume, qui tache les tempes et le sommet des ailes aux ocres pâles, aux bistres à peine teintés épars sur ce corps douillettement velu. La mise en valeur de cette chaude harmonie est due aux larges surfaces blanches qui accompagnent

ou séparent les parties brunes. Celles-là sont délicatement burelées de noir, sur le cou, la poitrine et le ventre; immaculées aux rémiges moyennes et aux rectrices. Des cordons de soie rouge, terminés par des glands de forme élégante, sont attachés à des liens violets, qui retiennent l'oiseau prisonnier sur son perchoir en bois naturel, et complètent bien la riche coloration de cette magnifique peinture. En bas, à gauche, un grand cachet porte le nom : Ni Tchokou-an.

Ce kakémono, ainsi que les deux suivants, haut de 1m04 et large de 0m47, est exécuté sur papier et garni de vieilles soies tissées d'or.

63. **So-ga Ni Tchokou-an.** Prêt au meurtre, la tête rentrée dans les épaules, l'œil fixement féroce, un faucon sur son perchoir fait face au spectateur. L'anatomie puissante, et à cet instant très mouvementée, du veneur au vol rapide, à la serre impitoyable, se devine admirablement sous l'ébouriffement colère de ses plumes. Ce pennage, très délicatement harmonisé, lui forme un vêtement magnifique. On dirait une robe d'hermine, sur laquelle aurait été jeté un manteau sombre richement damassé. La poitrine et le ventre sont blancs, finement lamellés de noir et semés de plumes bistres tachées de deux bruns : l'un assez doux, l'autre plus foncé; la nuque est blanche. Ces tonalités claires sont encadrées en partie par la gamme des ocres, assez claire aussi, du dos et de l'aile; des notes plus brunes chantent sur le sommet et les côtés de la tête. De tout cet ensemble résulte, nous l'avons dit, une merveilleuse harmonie. Les liens son violets, l'attache noire, la boucle verte et les cordons rouges. Le tablier du perchoir laisse apercevoir, par transparence, la queue aux larges rectrices bistrées et bordées de blanc. Cette œuvre, vraiment géniale, donne une impression dramatique prodigieusement émouvante. Un cachet carré, en bas, à droite, porte : Ni Tchokou-an.

64. **So-ga Ni Tchokou-an.** Ce faucon, malgré quelques différences dans la robe, semble appartenir à la même espèce que celui du numéro 62. Les liens, l'attache et la boucle, de mêmes couleurs que dans les peintures précédentes, sont, comme dans celles-ci, ornés de rehauts d'or discrets du meilleur goût. Les cordons sont rouges. Tout cela certes a fort bonne grâce; on comprend que le faucon, ainsi paré, s'estime en grande cérémonie et considère le reste de l'univers d'un air assez dédaigneux. Mais, si dédaigneux est le mouvement de la tête, cruel est le regard aussi. Cette double expression d'orgueil et de férocité est admirablement rendue. Le rapace, vu complètement de profil gauche, se tient dans l'attitude d'un oiseau qui vient de se poser sur son perchoir. Sa forme est vraiment belle d'ailleurs et ses proportions très harmonieuses font deviner sa force. Sa couleur offre la même gamme de bruns, que nous avons admirée chez le premier de ses deux compagnons et leur dominante est aussi derrière l'œil; mais la disposition des blancs est assez différente dans les ailes et la queue. Les rémiges secondaires et les rectrices sont colorées ici. La partie antéro-inférieure de la robe, blanche aux stries noires ténues, est d'une matière admirable. En somme, c'est là une peinture de toute perfection, comme les deux précédentes. Ce kakémono porte en bas, à droite, sur un cachet rouge : Ni Tchokou-an.

Parmi les qualités communes à ces trois " kakémono ", rappelons encore la vie extraordinaire des yeux de ces rapaces, aux regards si étrangement terribles sous leur calme apparent. Non moins remarquable est le rendu des pennages. Les corps de ces oiseaux sont drapés de robes riches, épaisses, moelleuses, veloutées dans les plumes de petite taille, soyeuses mais fermes dans les pennes. Les unes et les autres, lorsqu'elles sont colorées, portent une cernure blanche du plus somptueux effet, qui donne à l'ensemble du vêtement l'aspect d'un manteau princièrement damassé. Il semble impossible d'atteindre une maîtrise plus haute dans la peinture des oiseaux de vénerie. Devant ces œuvres si belles, on ne saurait manquer d'éprouver une profonde émotion d'art et une admiration singulière pour l'homme au génie multiple qui a su réunir, dans le portrait d'un animal, le fini le plus précieux, la plus magistrale largeur, un sentiment décoratif parfait, un naturalisme très savant et un effet dramatique d'une extraordinaire intensité. La perfection que nous constatons ici ne fut jamais, à notre connaissance, dépassée dans aucun temps par aucune école d'aucun pays.

SO-GA TCHOKOU-AN IIme

N° 62

SO-GA TCHOKOU-AN IIme

N° 63

SO-GA TCHOKOU-AN IIme

N° 64

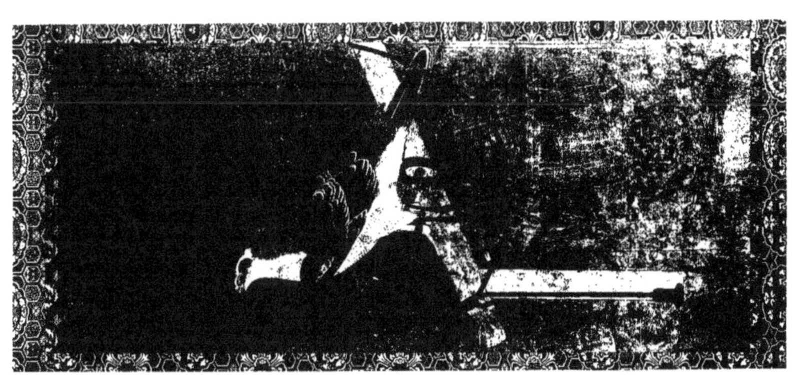

SO-GA SHO-HAKOU

Mort en 1783

Terou-kadzou était le nom personnel de cet artiste, qui signa successivement d'un grand nombre de noms ou surnoms [1]. Natif de la province de I-sé, il vint s'établir à Kyo-to. Ce fut chez Taka-ta Keï-ho [2] qu'il apprit les premiers éléments de la peinture; plus tard, il suivit la manière de Sô Ses-shiou. Ce maître fut très habile à peindre d'une encre légère les personnages et les paysages; il fit preuve d'une puissance de pinceau remarquable qui lui valut une brillante renommée. Sho-hakou est mort à Kyo-to durant la 3e année de Tĕn-meï [3] (1783).

65. **So-ga Sho-hakou.** La tête complètement renversée en arrière, Foukou-rokou-jin, le dieu au long crâne, regarde une sorte de balle qu'il vient de lancer très haut. Peinture exécutée en quelques larges touches d'encre. En bas, à gauche, la signature. Au-dessous deux cachets superposés. Sur le premier on lit : So-ga, et sur le second : Sho-hakou.

Kakémono sur papier. 圖 Haut. : 0m82; larg. : 0m27. Monture vieilles soies.

(1) Parmi ces noms ou surnoms nous citerons : Shi-riou, Ki-yo, Jo-ki, Ran-zan Da-sokou-kĕn, Ki-jĭn-saï, Hi-ran, &c.

(2) TAKA-TA KEI-HO, natif de Hi-no, province de O-mi apprit la peinture chez Ka-no Yeï-no, parvint à la célébrité et fut promu "Hô-ghĕn". Il s'éteignit à 83 ans, durant le cours de la 5e année de Ho-rĕki (1755).

(3) D'après une autre opinion la date de la mort de ce maître serait le 7e jour du 1er mois de la 1re année de Tĕn-meï (Février 1781).

École de Ha-sé-gava

HA-SÉ-GAVA TÔ-HAKOU

Seconde moitié du XVIᵉ Siècle

Tô-hakou, fondateur de la célèbre école de Ha-sé-gava, naquit à Nana-o, dans la province de Nô-tô, où son père exerçait héréditairement la profession de teinturier. Ayant manifesté de grandes dispositions pour la peinture, il vint demeurer dans le temple Ko-riou Ji, à Kyo-to, et commença à apprendre la manière de Ka-no. Trois grands maîtres de cette école étaient alors à l'apogée de leur renommée, c'étaient : Yeï-tokou [1], San-rakou [2] et You-shô [3]. Quand Tô-hakou se fut convaincu qu'il ne pourrait, malgré tout, l'emporter sur de tels artistes, il renonça à cette voie [4] et se livra dès lors avec ardeur à l'étude de la si intéressante école de Oûn-kokou, fondée par Ses-shiou. Il s'y distingua rapidement et s'intitula orgueilleusement, le "prêtre peintre de la cinquième génération de Ses-shiou". A vrai dire, il l'emportait même sur Oûn-kokou Tô-gan, artiste de la troisième génération de Ses-shiou. Tô-hakou excellait surtout à faire les portraits et à peindre d'après nature; et nul, à cette époque, n'était capable de le surpasser en cela. Doué d'une puissance de pinceau extraordinaire, et possédant en outre un caractère très indépendant, il ne se crut pas obligé de demeurer dans le cercle étroit d'une école. Aussi, ses peintures, d'un genre éminemment personnel, sont-elles remarquables par le goût et l'élégance et très recherchées des Japonais. A l'âge de 70 ans, le maître exécuta deux tableaux demeurés célèbres. L'un représente le géant Bën-keï, l'écuyer dévoué de Minamoto no Yoshi-tsouné, faisant prisonnier le prêtre guerrier To-sa Bô [5]. L'autre nous montre Bouddha mort, couché sur son lit funèbre; autour de lui, ses disciples, accompagnés de tous les animaux de la création, sont groupés dans des attitudes variées, exprimant la plus profonde désolation. Ceux qui ont vu ces œuvres capitales ont été aussi émerveillés que surpris, de la puissance et de la sûreté d'exécution dont, malgré son grand âge, Tô-hakou a fait preuve dans ces deux compositions. On ignore la date exacte de sa mort, on sait cependant qu'il avait alors 77 ans, et que l'on était dans les années de Keï-tcho (1596-1614). Tô-hakou eut deux fils qui marchèrent glorieusement dans la voie de leur père.

(1) Voir la notice sur ce peintre, page 12, note 3.
(2) Pour la biographie de Ka-no San-rakou, voir page 23.
(3) Voir la biographie de cet artiste.
(4) Tô-hakou semble avoir gardé contre Ka-no quelque ressentiment. On l'entendit plus tard médire de cette école avec son ami Sën-ri-kiou, le célèbre "shu-jin" (maître en tcha-no-you).
(5) Certaines chroniques du Japon, racontent que To-sa Bô Sho-shioun avait été adressé par Yori-tomo, fondateur du shogounat, à son frère Yoshi-tsouné, sous le prétexte de complimenter ce dernier au sujet de ses exploits. L'envoyé avait l'ordre secret d'assassiner Yoshi-tsouné; mais Bën-keï, vassal du héros, devina la mission de To-sa Bô et s'empara de celui-ci. Le traître fut exécuté. D'après ce qui précède, il semblerait que Yori-tomo aurait voulu, par jalousie, se débarrasser de son frère, dont la renommée froissait son orgueil et inquiétait sa puissance. Cependant, selon d'autres historiens, cet épisode ne serait qu'une invention légendaire. La vérité serait que Hô-jô Toki-masa, beau-père de Yori-tomo, désireux de s'emparer du pouvoir, afin de le transmettre aux mâles de sa race, chercha à semer la zizanie entre les deux frères, pour les affaiblir, les détruire même, si possible, l'un par l'autre. Mais Toki-masa fut trompé dans son espoir immédiat. Plus tard, après la mort de Yori-tomo, il fit nommer un membre de sa famille "Shi-kën", c'est-à-dire premier ministre du "Sho-goun". Les Hô-jô conservèrent ce titre durant plus d'un siècle (1205-1332) et, de fait, furent pendant cette période les véritables maîtres du Japon.

HA-SÉ-CAVA TO-HAKOU

N° [illegible]7

HA-SÉ-GAVA TO-HAKOU

N° 68

HA-SÉ-GAVA TO-HAKOU

N° 66

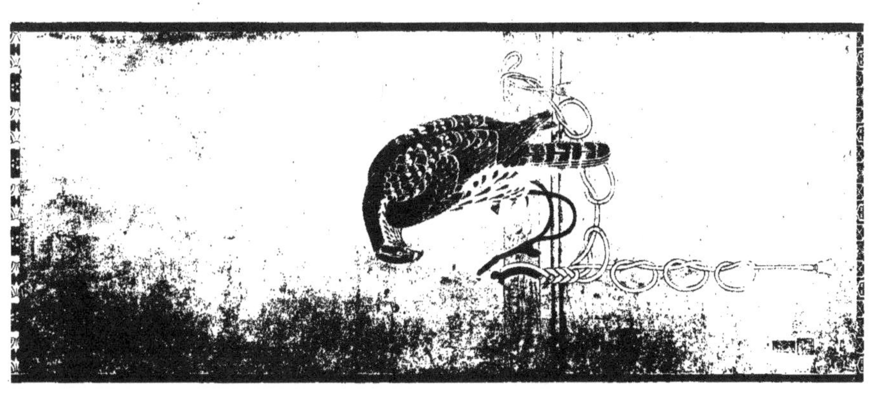

HA-SÉ-GAVA TO-HAKOU

N° 71

HA-SÉ-GAVA TO-HAKOU

N° 69

HA-SÉ-GAVA TO-HAKOU

N° 70

66. ❧ **Ha-sé-gava Tô-hakou.** ❧ Tourné vers la gauche, le dos de trois quarts et un peu courbé, le col infléchi, la tête de profil vertical, ramenée à la hauteur des épaules, un faucon, de fort méchante humeur, regarde dans la direction du sol. Son perchoir est en bois naturel joliment veiné. Ses liens de cuir s'y rattachent à des cordons de soie verte. Tout l'appareil de sa captivité est magnifique assurément; mais le captif n'en paraît que plus furieux de son sort. Presque toutes les plumes de l'oiseau, sur la tête, le dos, les ailes et la queue, portent trois tons appartenant à la gamme des bruns. Le maximum de coloration est aux petites rectrices, à la face postérieure du cou et à la nuque. La face antérieure du cou, le ventre et les cuisses sont habillés de plumes ocrées, marquées de taches brunes longitudinales en formes de larmes, et bordées de blanc. La longueur des doigts et des rémiges, la largeur des rectrices montrent assez que le faucon est de bonne race. C'est une belle œuvre, au dessin stylisé avec toute la perfection naturaliste et décorative qui distinguaient nos vieux maîtres primitifs. En bas, à gauche, se voient deux cachets. Le supérieur rectangulaire donne Ha-sé--gava; sur l'inférieur plus grand et carré, on lit : Tô-hakou.

Ce kakémono et les cinq suivants, exécutés sur papier et montés en vieilles soies, mesurent : Haut. : 1m27; larg. : 0m51. Toutes ces peintures portent également les deux cachets du maître.

67. ❧ **Ha-sé-gava Tô-hakou.** ❧ Ce faucon est vu de profil droit, le corps incliné, les ailes battantes, la queue en éventail. Son agitation semble assez grande. Sa patte gauche seule repose sur la barre du perchoir; la droite est relevée, les doigts repliés. Les seules différences que nous constations entre ce faucon et son camarade du numéro 66, à qui il ne ressemble pas mal, sont : la sveltesse plus marquée de celui-ci; une coloration plus foncée du pennage, surtout dans la région antéro-inférieure, mais avec la même disposition des tons; enfin les dimensions moindres de ses rectrices. La barre du perchoir est de bois naturel écorcé seulement; les liens de cuir fauve, l'attache blanche. Les cordons sont l'un rouge, l'autre blanc; le tablier opaque cache en partie le bout des rectrices. C'est une œuvre admirable de dessin et de coloris; l'arrangement est du meilleur goût. Peut-être, tout en étant aussi réaliste que la précédente, cette peinture est-elle conçue et exécutée plus décorativement.

68. ❧ **Ha-sé-gava Tô-hakou.** ❧ Le corps vu des trois quarts antérieurs et légèrement incliné; le cou fortement dirigé en bas et en avant, ainsi que la tête; les ailes commençant à se déployer et les rectrices à s'écarter; tout le reste du pennage hérissé; une serre relevée et repliée nerveusement, l'autre crispée sur la barre du perchoir, ce faucon, magnifique échantillon d'une race très pure, semble au paroxysme de la fureur. Sa robe est superbe dans sa simplicité. Le dessus du chef et tout le dos, du haut en bas, jouent au soleil une gamme allant du bistre au brun foncé; la dominante étant, comme toujours, derrière l'œil et toutes les plumes colorées étant cernées d'un ton plus clair. La gorge, la poitrine, le ventre, les cuisses et les jambes fourrés de plumes grises, presque blanches, sont burelés de noir. La disposition donnée à ces burèles par le mouvement de l'oiseau forme une rosace très élégante. Les montants et la barre du perchoir sont de bois naturel richement veiné, tourné et poli avec soin. Le tablier, peu transparent, laisse deviner plutôt qu'apercevoir la queue du rapace. Les liens sont de cuir gris, l'attache blanche, les cordons de soie rouge. Il serait facile certes de décrire minutieusement cette peinture; mais malaisé de dire sa splendeur d'art, la sensation de vie, l'émotion qu'elle donne. Impossible aussi de louer comme il conviendrait le naturalisme sincère du dessin, l'harmonie de la couleur, le goût de l'arrangement et le sens dramatique puissant, qui sont les qualités maîtresses manifestées par Tô-hakou dans cette œuvre superbe.

69. ❧ **Ha-sé-gava Tô-hakou.** ❧ Voici, non pas le plus parfait, car ces six kakémono sont de tous points admirables, mais le plus curieux, peut-être, de cette série de faucons exécutés par l'illustre Tô-hakou. Soit pour la grosse difficulté que présente le modelé, vigoureux et délicat à la fois, d'un plumage blanc ou pour tout autre motif, il est assez rare de trouver un faucon peint de cette nuance dont la facture ne soit pas lourde ou creuse. Il fallait le maître dont l'œuvre est sous nos yeux, celui qu'aucune ignorance, aucune inexpérience ne pouvait arrêter dans la représentation des rapaces (parce que son habileté fabuleuse de peintre égalait sa science impeccable de naturaliste), pour venir à bout d'un pareil tour de force pictural. Il est certain que, dans le rendu de ce gerfaut, la légèreté s'unit à la puissance. Il est certain aussi que l'arrangement si décoratif et si dramatique de ce bel oiseau n'est pas au-dessous de son exécution. L'animal est vu de profil droit pour la tête et des trois quarts antérieurs pour le reste. Debout sur la barre de son perchoir, il se tient droit et regarde bien devant lui. Le bec est entr'ouvert; la serre gauche, détachée de la barre et les doigts repliés, apparaît dans l'épaisseur du plumage qui la cache en partie. Hormis ces gestes discrets, l'animal est immobile dans tout son corps; ce qui, sous sa robe décolorée, lui donne un peu, au premier abord, une apparence spectrale. Le plumage blanc, qui serait immaculé sans la tache noirâtre placée derrière l'œil, est une incomparable merveille de science naturaliste autant que d'art et de métier. Le dessin est du meilleur savoir, l'arrangement du goût le plus pur. L'harmonie si douce est très belle. La barre, en bois de choix tourné et poli avec un soin extrême pour en faire valoir les veines élégantes, est, auprès du point d'attache seulement, recouverte d'un enduit bleu bordé de blanc. Le tablier, de médiocre transparence, laisse pourtant apercevoir les silhouettes des deux dernières rectrices. Les liens sont de cuir fauve; des cordons de soie, l'un est blanc, l'autre rouge.

70. **Ha-sé-gava Tô-hakou.** Si ce faucon n'est pas celui du numéro 68 revenu à la dignité de son repos, sa colère passée, c'est son frère jumeau assurément. Il est impossible à deux ménechmes, à deux sosies de se ressembler davantage. Leurs robes sont identiques, tant par le gris-blanc finement lamellé de noir de la partie antérieure, que par les bruns, les ocres et les bistres, qui chatoient sur le dos, les ailes et la queue. Mais combien diverses sont les poses et les expressions des deux rapaces. Celui-ci est remarquable par le calme et la noblesse de son maintien. De son perchoir, en bois naturel veiné, on ne voit que la barre tournée avec soin. Les liens gris-verdâtres viennent s'y joindre, par une élégante attache blanche, à des cordons de soie rouge. La gent fauconnière est représentée ici par un oiseau vraiment admirable de proportions et de couleur. Ses doigts très longs témoignent de la pureté de sa race; la disposition des bruns variés sur les rémiges moyennes et les rectrices est la plus élégante qui se puisse voir. Quant à la peinture, elle est de toute splendeur. Les connaissances du naturaliste, la science du dessinateur, du coloriste et du décorateur se montrent à un degré merveilleux dans ce kakémono. Il est bien difficile, croyons-nous, de rencontrer un plus beau faucon; et il est peut-être impossible d'en faire un plus beau portrait.

71. **Ha-sé-gava Tô-hakou.** Ce faucon présente un plumage semblable à celui de ses congénères des numéros 68 et 70, sur la robe desquels auraient été semées, dans la partie antéro-inférieure, quelques plumes rousses, aux taches longitudinales, en forme de larmes, teintées de deux bruns superposés. Sous cette riche broderie, le fond du vêtement est, dans cette région, d'un gris bistré pâle burelé de noir. Le sommet de la tête, la nuque, le dos, le dessus des ailes et la queue offrent des valeurs plus ou moins foncées, toutes dans les colorations brunes. Les proportions de l'oiseau sont excellentes; sa tête est d'un type très pur. Très réussi nous semble le mouvement du cou, qui porte le chef de profil gauche relevé; tandis que le corps, vu presque de dos, est tourné vers la droite. La ligne générale est des plus élégantes. L'oiseau repose sur un perchoir en bois naturel, d'un ton qui fait heureusement valoir les liens de cuir gris et les cordons soyeux, l'un blanc, l'autre jaunâtre.

Voilà une œuvre qui clôt dignement cette série merveilleuse, exécutée par un prince du Beau pour quelque prince terrien raffiné, amoureux de noble peinture et de noble fauconnerie. Tô-hakou s'est montré dans ces six tableaux non seulement un ouvrier de première maîtrise, mais encore un artiste des plus élevés. Il a traduit le résultat de ses observations savantes aussi parfaitement qu'un être humain le pouvait faire et dans un style que bien peu eussent pu atteindre.

TAWARA-YA SO-TA¯SOU

N° 76

O-GATA KO-RIN

N° 84

HON-NA-MI KO-YETSOU

N° 72

Précurseur de Ko-rïn

HON-NA-MI KO-YETSOU

1556-1637

KO-YETSOU, dit-on, ne s'est pas tout d'abord occupé de peinture. Il succéda à son père Mouné-harou dans l'expertise des armes blanches et était, comme lui, fort habile à aiguiser et à polir des lames de sabre. Ta-ga était son nom de famille (1); il porta en outre plusieurs surnoms (2). Il acquit une grande réputation dans l'art de l'écriture. Après avoir été l'élève de Kono-yé Saki-hisa (un ancien premier ministre), il se livra avec ardeur à l'étude de la manière de l'illustre Wo-no To-fou (homme de cour jadis et calligraphe distingué). A la suite de tels maîtres, il en devint un lui-même dans cette branche de l'art, et fonda une école particulière (3). Ko-yetsou fut un peintre laqueur de premier ordre et un céramiste non moins remarquable. Les objets sortis de ses mains sont extrêmement recherchés des amateurs japonais. Il apprit chez Kaï-hokou You-sho (4) les éléments de la peinture, s'adonna à l'étude approfondie des grands principes de l'école de To-sa, et acquit un talent personnel incomparable. Il ouvrit enfin un atelier, où fut enseigné spécialement le genre nommé depuis " manière de Ko-yetsou ". Dans les peintures qui nous restent de ce maître, on trouve un certain nombre d'arbres et de plantes; mais, par contre, fort peu de personnages ou d'oiseaux. Aimant surtout à peindre avec des couleurs épaisses, il se servit rarement de l'encre pure. Ko-yetsou avait 81 ans lorsqu'il s'éteignit, le 3e jour du 2e mois de la 14e année de Kwan-yeï (mars 1637).

72. **Hon-na-mi Ko-yetsou.** Cette peinture, d'un sentiment décoratif admirable, représente des chrysantèmes aux fleurs largement épanouies, exécutées dans une gamme de couleurs très harmonieuses, allant du blanc au rouge, en passant par le rose saumon et le jaune d'or. Les feuilles, rendues en des verts sombres poussés jusqu'au noir, alternent avec d'autres aux teintes rouillées; toutes sont rehaussées de nervures d'or. Le bas de la composition est occupé par une plante aux baies sanglantes, une graminée et une variété minuscule de chrysanthème d'un rouge vif. Cette œuvre, peinte avec tout le merveilleux art du maître, caractérise admirablement son talent si personnel de laqueur et de céramiste. Un grand cachet grisâtre, de forme carrée, apposé en bas, à droite, porte le nom : Ko-yetsou (?).

Kakémono sur papier. Haut. : 1m26; larg. : 0m62. Monture en vieilles soies.

(1) Certains auteurs prétendent que son nom de famille était Matsou-da.

(2) Ces surnoms étaient : Taï kyo an, Ji-tokou-saï et Tokou-yén-saï.

(3) Très grande fut l'habileté de Ko-yetsou dans l'art de l'écriture, il est compris dans la triade placée immédiatement après les trois plus célèbres calligraphes du Japon, qui sont : l'empereur Sa-ga, Wo-no To-fou et Ko-bo Daï-shi. Le groupe dans lequel figure Ko-yetsou désigné sous le titre de " Hei-an San-pitsou " (textuellement trois pinceaux de Hei-an — Hei-an est un ancien nom de Kyo-to —), comprend trois artistes fameux Kona yé Shin-ïn, Sho-kwa-do Sho-jo et Hon-na-mi Ko-yetsou.

(4) Voir la biographie de cet artiste.

Précurseur de Ko-rïn

TAWARA-YA SO-TATSOU

Première moitié du XVIIe Siècle

Indépendamment de ces deux noms, l'artiste porta encore ceux de No-no-moura, I-nën, Taï-seï-ghën, etc... Après avoir habité la province de Ka-shiou (où probablement il naquit), il vint se fixer à Kyo-to et prit le surnom de Tawara-ya So-tatsou. En peinture, il eut pour initiateur Ka-no Yeï-tokou [1], suivit aussi les leçons de Soumi-yoshi Jo-keï [2] et se livra à une étude approfondie des grands peintres chinois et japonais; So-tatsou acquit ainsi un très grand talent, et fonda une école renommée par sa manière large et puissante. Il était fort apprécié de ses contemporains. Ses compositions à l'encre légère, surtout celles qu'il exécutait en couleur sur fond d'or étaient très vantées. Il a rendu avec un égal bonheur les personnages, les fleurs et les oiseaux. So-tatsou fut élevé à la dignité de "Ho-kyo". On ignore la date de sa naissance et celle de sa mort; mais on est certain qu'il florissait durant les années de Kwan-yeï (1624-1643).

73. **Tawara-ya So-tatsou.** (Attribué à). Une oie sauvage, les ailes largement ouvertes, va s'abattre sur le sol. Nulle raideur; le mouvement de l'oiseau est d'un naturel parfait. La flexion du cou, la vie intense des yeux, l'ouverture du bec dans un cri, la tombée des pattes, ont un remarquable sentiment de vérité. Et tout cela est rendu à l'aide de quelques valeurs d'encre légère, tachées d'accents d'un noir profond.

Petit panneau sur papier. Larg. tot. : 0m66; haut. tot. : 0m41. La monture consiste en une bande d'or entourée de vieilles soies.

74. **Tawara-ya So-tatsou.** (Attribué à). Sur un fond d'or de la plus grande richesse, un buisson de "haghi" abondamment fleuri est bousculé par la rafale. Les petites fleurs blanches et roses se détachent de l'enchevêtrement vert sombre des feuilles, en une harmonie puissante autant que douce du plus somptueux effet. En considérant cette œuvre splendide, dans laquelle l'observation précise frappe non moins que l'admirable interprétation, il est facile de se rendre compte des exemples offerts au génie naissant de Ko-rïn par celui de ses prédécesseurs. Ko-rïn n'est en rien diminué certes par cette constatation; car il fut très différent de ses devanciers. Ceux-ci adonnés naïvement à l'étude exacte de la nature en ont moins recherché la synthèse décorative. Et quels décorateurs grandioses ils furent pourtant!

Paravent de deux feuilles sur fond d'or. Haut.: 1m70; larg.: 1m64.

75. **Tawara-ya So-tatsou.** (Attribué à). De dimensions beaucoup plus réduites, ce paravent de deux feuilles, sur papier, représente une quantité de fleurettes rouges, blanches et roses, croissant au milieu des herbes, près d'un ruisseau. Parmi ces plantes fleuries, ou au-dessus, bruissent une foule de jolis insectes. Une sauterelle se balance

(1) Voir pour la biographie de cet artiste, page 12, note 3.

(2) SOUMI-YOSHI JO-KEI, second fils de To-sa Yoshi-mitsou, eut pour premier nom Ko-shïn. Il prit ensuite celui de Tada-toshi, l'abandonna plus tard pour s'appeler Hiro-mitchi et, après s'être « fait raser la tête », adopta le surnom de Jo-keï. En peinture, il suivit la tradition de sa famille, et posséda un fort beau talent. Peintre officiel du gouvernement, il fut élevé à la dignité de "Ho-ghën". Jo-keï mourut le 20e jour du 6e mois de la 10e année de Kwan-boun (juillet 1670), à l'âge de 72 ans.

O-GATA KO-RIN

N° 98

TAWARA-YA SO-TATSOU (Attribué à)

N° 74

sur un brin d'herbe; des libellules aux ailes multicolores, des papillons et des petites mouches noires, volètent gaîment. Exécutée sur un fond jaune brun, cette composition est rehaussée d'un large semis d'or en paillettes. Sa facture très soignée et l'extrême richesse de son coloris lui donnent l'aspect d'un beau décor de laque ou de quelque vieille peinture de primitif italien.

La monture consiste en deux bandes de vieilles soies. Larg. tot. : 1m84; haut. tot. : 0m60.

76. **Tawara-ya So-tatsou.** (Attribué à) Poussant dans les interstices d'un rocher, quelques pieds de chrysanthèmes épanouis mi-partis de blanc et de rouge, se détachent en vigueur sur le gris jaune du fond. Par-dessus les fleurs, un oiseau se dirige vers le sol. Les fleurs et l'oiseau sont admirablement exécutés, dans un sentiment à la fois très réaliste et très décoratif.

Kakémono sur papier. Haut. : 1m; larg. : 0m46. Monture en vieilles soies.

76 bis. **Tawara-ya So-tatsou.** Cette peinture et les cinq suivantes, à l'encre de Chine sur papier, portent, dans un grand cachet rond So-tatsou. Elles mesurent : Haut : 1m30; larg. : 0m50.

a. — Deux oies sauvages se dandinent côte à côte. Une indication de nuages suggère un fond de paysage brumeux.

b. — Trois oies. L'une dort la tête sous l'aile; la seconde va se lever; la troisième est debout faisant sentinelle.

c. — Au-dessus des brumes qui rampent à ras du sol, deux oies sauvages passent de gauche à droite, montrant leurs larges ventres blancs.

d. — Une oie, vue en dessous, descend de gauche à droite par dessus le brouillard montant de la terre.

e. — Une oie lève la tête pour sonder l'espace. Brume au fond.

f. — Dans un paysage embrumé, une oie, le bec au cou, repose sur le sol. Au premier plan, une de ses congénères ouvre le bec pour appeler.

ÉCOLE DE KO-RÏN.

Ô-GATA KO-RÏN

1660-1716

Fils de O-gata So-kën (1), ce peintre avait pour nom personnel Kari-gané To-jiou-rô et, indépendamment de celui de Ko-rïn, porta encore un certain nombre de surnoms (2). Ko-rïn demeura tout d'abord à Kyo-to (où probablement il naquit). Il vint par la suite se fixer à Yé-do, et entra chez Ka-no Tsouné-nobou qui lui apprit les principes de son école. Un peu plus tard, il s'attacha à peindre d'après la manière de Tawara-ya So-tatsou, qu'il imita parfaitement. Il étudia aussi la peinture des vieux maîtres de To-sa. En suivant intelligemment les enseignements de ces différentes écoles, Ko-rïn acquit un merveilleux talent. Sa facture, très personnelle, est remarquable encore en ceci qu'elle représente absolument la "vraie peinture japonaise" (3). A une certaine

(1) O-gata était le nom de famille de ce peintre qui porta encore les noms ou surnoms de So-kën, Shiou-mé, Sô-hô, &c.. D'abord tisserand, employé dans une grande fabrique de soieries appartenant à un membre de la famille impériale, So-kën se sentit, à un certain moment, attiré vers la peinture. Il entra alors chez So-shïn, dont il étudia les principes. On sait qu'il est mort durant la 4e année de Teï-kyo (1687), à l'âge de 67 ans.

(2) Ces surnoms étaient : Ho-shioukou, Do-so, Séki-meï, Kan-seï, Seï-seï-dô, I-rio, Jiakou-meï, Do-shiou, Tcho-ko-kën et Seï-seï.

(3) Cette peinture est nommée par les Japonais "Wa-gwa", c'est-à-dire peinture du Japon ou plutôt, "peinture de notre pays".

époque de sa vie, il étudia la manière de Hon-na-mi Ko-yetsou et s'assimila si bien la facture de ce peintre, que par la suite il l'imita parfaitement. Enfin, Ko-rïn fonda une école particulière, qui obtint un très grand succès auprès de ses contemporains. Cet admirable artiste, que tout intéressait, voulut être initié aux raffinements compliqués du "tcha-no-you", cette cérémonie élégante qui, en apparence, consiste à apprêter, à offrir ou à prendre une tasse de thé, et qui est en réalité l'exécution d'une suite de mouvements, de figures d'un art exquis. Il devint donc un "tcha-jïn" et même un "shu-jïn" [1] très distingué. Étudiant soigneusement les divers ustensiles employés dans cette cérémonie, il en décora par la suite un grand nombre, surtout des "tcha-iré [2]". Ces petits objets lui donnèrent l'occasion d'exercer son habileté autant que son goût, et il se montra dès lors un artiste laqueur incomparable. Les pièces signées de sa main furent toujours d'une beauté souveraine. Ses boîtes à écrire (que les Japonais nomment "souzouri bako") et généralement tous les bibelots qu'il exécuta sont fort recherchés des amateurs, pour leur matière splendide et leur travail aussi riche qu'élégant. Les laques de Ko-rïn sont au moins aussi appréciées que ses peintures. Ce maître est mort le 6e jour du 4e mois de la 1re année de Kyo-ho (mai 1716), à l'âge de 56 ans [3].

77. — **Ô-gata Ko-rïn.** — Des graminées en fleur, un pavot blanc largement épanoui, quelques fleurettes champêtres, des feuilles mortes, un petit oiseau se balançant sur une herbe, tels sont les éléments de cette gracieuse composition claire, gaie, et d'une étonnante simplicité de procédé. En bas, à gauche, un grand cachet rouge, de forme ronde, porte : Seï-seï.

Petit paravent de deux feuilles, dont la décoration est peinte sur papier. La monture consiste en deux bandes de vieilles soies. — Larg.: 1m26; haut. : 1m14.

78. — **Ô-gata Ko-rïn.** — Sur un fond sombre, d'une tonalité rompue, s'enlèvent les tiges d'un pied de chrysanthème. Les fleurs, peintes avec une sorte de gouache très épaisse, font chanter leur note blanche parmi le feuillage vert presque noir. Cette composition, exécutée avec deux tons seulement, est d'une puissance remarquable. Un grand cachet rouge, de forme ronde, à peine visible, apposé en bas, à gauche, porte le nom : Ho-shioukou.

Petit paravent à deux feuilles sur soie. La monture en vieilles soieries est entourée d'une moulure en bois de mûrier, sur laquelle sont appliquées de petites gourdes en bronze ciselé. — Larg. : 1m40; haut. : 1m32.

79. — **Ô-gata Ko-rïn.** — Un pied de maïs aux feuilles puissantes s'élève en se courbant sous le poids de ses épis, auprès d'un petit plant de piment rouge. Une haute tige contournée, aux fleurs violettes, s'élance au-dessus. Elle est entourée par les pousses capricieuses de haricots fleuris. Plus loin, à gauche, un pied d'aubergine, en pleine maturité, masque à demi un buisson de gros piments aux fruits sanglants. Tous ces végétaux, traités d'un pinceau large et vigoureux, sont d'un grand effet décoratif, caractérisant absolument le talent du peintre laqueur qui les a conçus. En bas, à droite, la signature Seï-seï Ko-rïn. Au-dessous, un cachet rouge étroit et long, porte les caractères : Ho-kyo Ko-rïn.

Ce paravent et le suivant (qui fait paire avec lui) sont hauts de 1m72 et larges de 1m86. Ils sont peints sur papier et encadrés de vieilles soies.

80. — **Ô-gata Ko-rïn.** — Ici, ce sont un camélia touffu aux fleurs rouges, un narcisse poussé dans l'anfractuosité d'une roche et tout couvert de mousses, un vieux cerisier fleuri, dont la maîtresse branche, décrivant une courbe gracieuse, enveloppe la composition et la termine dans le haut de la façon la plus décorative. Nous retrouvons ici les mêmes qualités que dans le numéro précédent, dont il est le digne pendant. La signature Seï-seï Ko-rïn est placée en bas, à gauche, au-dessus d'un cachet rouge portant les caractères : Ho-kyo Ko-rïn.

(1) Tcha-jïn (textuellement : personne, thé) est le nom sous lequel on désigne le membre d'une réunion de "tcha-no-you". Le "Shu-jïn" est le maître de cette réunion.

(2) On nomme ainsi ces admirables petits pots ou boîtes, dans lesquels les "Tcha-jïn" mettent le thé pulvérisé quelques moments avant d'en faire usage.

(3) C'est le livre B qui nous donne cette date. Le livre A dit : "Ko-rïn est mort durant le 6e mois de la 1re année de Kyo-ho (juillet 1716), à l'âge de 62 ans".

O-GATA KO-RIN

N° [illegible]

O-GATA KO-RIN

N° 77

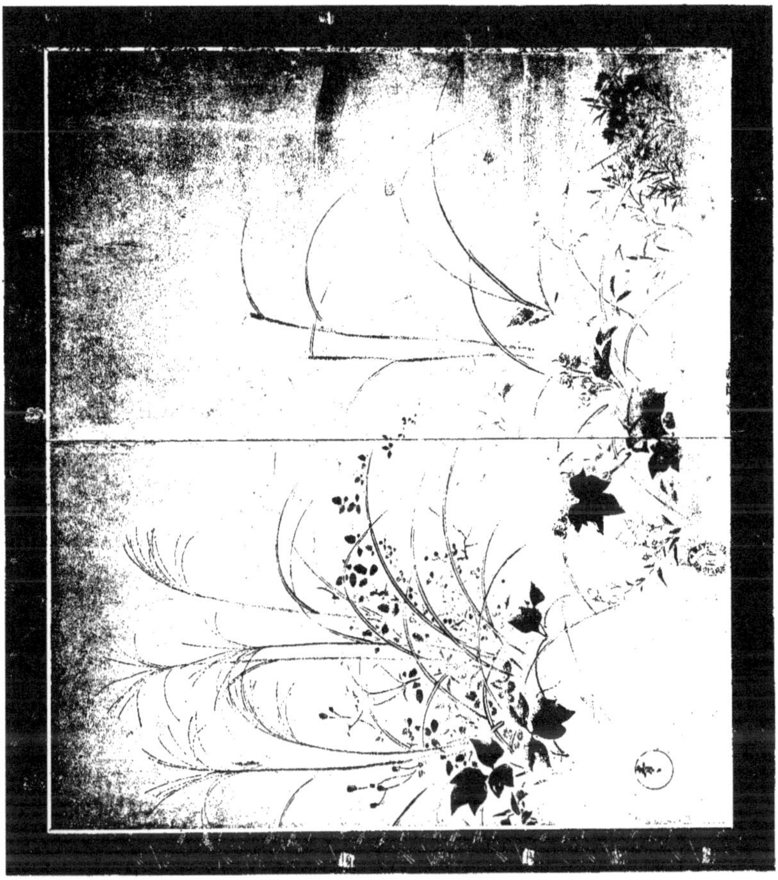

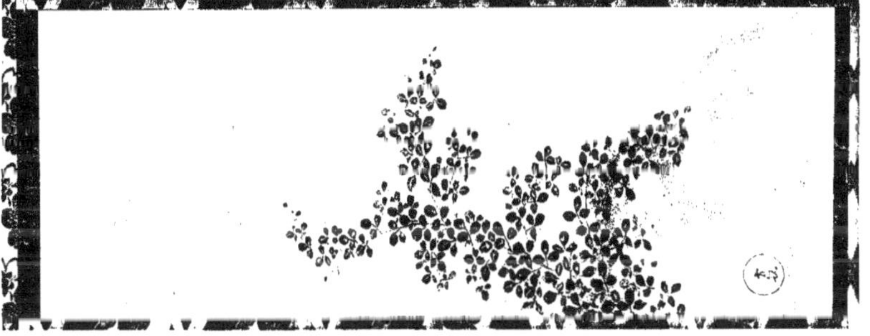

O-GATA KO-RIN

N° 92

O-GATA KO-RIN

N° 78

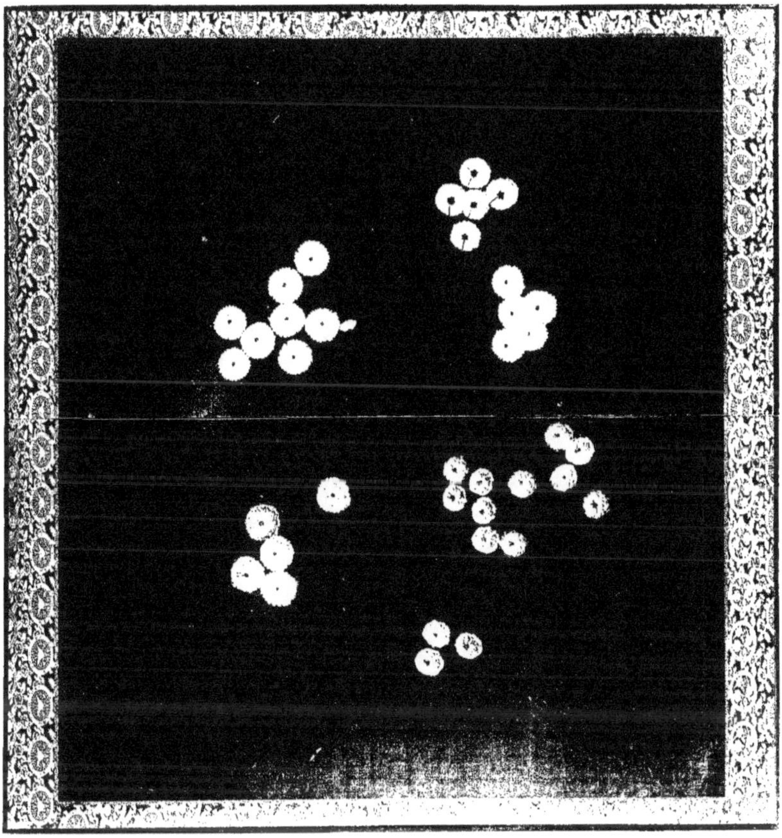

O-GATA KO RIN

N° 93

O-GATA KO-RIN

N° 83

81. **Ô-gata Ko-rin.** Cette très remarquable peinture représente un érable autour duquel s'enroulent des lianes au feuillage puissant. Auprès de lui, quelques fleurs et quelques graminées. Les feuilles des plantes grimpantes, d'un vert profond, font vibrer les différents rouges très intenses du feuillage de l'arbre. Les fleurs aux tons divers, bleu, jaune, blanc, flattent l'œil par leur variété. Les nervures des feuilles sont indiquées avec de l'or. Tout cela est puissamment décoratif. Un cachet rouge apposé en bas, à gauche, porte : Ho-shioukou.

Kakémono sur papier. Haut. : 1m28; larg. : 0m45. Montures en vieilles soies.

82. **Ô-gata Ko-rin.** (Cette peinture fait pendant à la précédente.) Des pivoines blanc et rose pâle, s'enlèvent sur le fond sombre des feuilles, d'un vert froid. Des graminées aux fleurs blanches s'inclinent sous le vent. Un petit oiseau est suspendu à l'une d'elles.

Kakémono sur papier. Haut. : 1m28; larg. : 0m45. La monture en vieilles soies est semblable à celle du numéro 81.

83. **Ô-gata Ko-rin.** Cette peinture, d'une remarquable puissance, représente un tronc d'arbre couvert de mousse et de lichen et enlacé par une liane, aux feuilles pourprées, parmi lesquelles pendent de longs filaments sombres. A son pied on voit une plante aux feuilles épaisses et bulbeuses. Des flocons de neige, tombés çà et là sur le feuillage et sur l'écorce, ajoutent le contraste de leur blancheur aux vigueurs des autres tons. En bas, à droite, la signature : Ho-kyo Ko-rin. Au-dessous, deux cachets superposés; le premier est rond et porte le nom : Sei-sei; le deuxième, carré, est formé de caractères que nous n'avons pu traduire. (Ce cachet ne figure dans aucun ouvrage, et doit être très rare.)

Peinture sur papier. Haut. : 1m26; larg. : 0m49.

84. **Ô-gata Ko-rin.** Dans une vaste corbeille en vannerie, des fleurs des quatre saisons sont réunies avec un art impeccable et une harmonie parfaite. Ce sont des chrysanthèmes, aussi divers d'espèce que de couleur; des iris d'un beau violet; des pivoines rose pâle, des narcisses, cette fleur des poètes japonais que l'on nomme là-bas « soui-sën », et enfin une quantité d'autres jolies fleurs aux couleurs brillantes, dont plusieurs sont particulières au "pays du soleil levant." En bas, à gauche, sous la signature Ho-kyo Ko-rin, un grand cachet rouge de forme ronde, porte le nom : Ko-rin.

Kakémono sur papier. Haut. : 1m16; larg. : 0m44. Monture vieilles soies.

85. **Ô-gata Ko-rin.** Petite peinture qui, ainsi que les trois suivantes, servit à orner des « sho-dji (1) ». Celle-ci nous montre les maîtresses branches d'un prunier fleuri. Les noirs rompus du bois de l'arbre, se détachant sans brutalité du fond gris jaunâtre, font admirablement valoir le rouge très chaud des fleurs. Un cachet vermillon, de forme carrée, apposé en bas, à gauche, porte : Ho-shioukou.

Ces quatre compositions sont peintes sur soie. Larg. : 0m36; haut. : 0m285.

86. **Ô-gata Ko-rin.** Crucifère aux feuilles d'un vert très riche et aux fleurettes jaune clair. Un cachet rouge carré, placé en bas, à droite, porte : Ho-shioukou.

87. **Ô-gata Ko-rin.** Un petit arbuste, sorte de vernis du Japon, aux feuilles rouges de différentes valeurs, se détache vigoureusement du fond gris jaunâtre. Un cachet vermillon étroit et long, placé en bas, à gauche, porte : Ho-kyo Ko-rin.

88. **Ô-gata Ko-rin.** Voici une belle harmonie qui termine dignement cet admirable quatuor. Les feuilles, les tiges et les boutons d'un pavot, chantant dans une gamme de verts foncés, accompagnent vigoureusement la fleur sanglante largement ouverte. Cette vigueur est encore augmentée par une note de gouache, pure, mise par le maître à la naissance des pétales. Un bouton mi-éclos, également rouge et blanc, complète l'effet si éminemment décoratif de cette superbe composition. Grand cachet rouge, de forme ronde, placé en bas et à gauche, portant le nom : Ho-shioukou.

89. **Ô-gata Ko-rin.** (Les douze « kakémono » que nous allons décrire représentent les douze mois de l'année; et ce sont les fleurs écloses dans chacun de ces mois qui les symbolisent. L'imprévu de ces compositions, la délicatesse et la distinction de leur couleur, la puissance et la souplesse du dessin particulièrement remarquable dans les attaches, la maîtrise dans la facture, tout y est digne du grand maître décorateur impressionniste que fut Ko-rin.)

La première peinture de cette intéressante série nous montre les rameaux gracieusement contournés d'une glycine blanche retombant au-dessus d'une touffe de pavots fleuris, blancs, lilas et rouges. En bas, à droite, un cachet rouge porte : Ho-shioukou.

(1) On nomme ainsi les portes mobiles des armoires encastrées dans la muraille des habitations japonaises. C'est dans ces sortes de placards que leurs propriétaires, qui ne font pas usage de meubles comme les nôtres, renferment tous leurs objets plus ou moins précieux.

Kakémono sur papier. Haut. : 1m27; larg. : 0m49. Monture en vieilles soies. Les onze qui suivent sont de mêmes mesures et montés semblablement.

90. **Ô-gata Ko-rin.** Autour d'un rocher que dépassent de graciles fougères, croissent deux arbustes aux fleurs blanches et rouges. Un chardon sanglant se dresse au premier plan. Cachet portant : Ho-shioukou, placé en bas, à gauche.

91. **Ô-gata Ko-rin.** Un pommier tord ses branches qui s'élancent fleuries; son tronc rugueux laissse dépasser quelques feuilles de bambou. Le cachet Ho-shioukou est placé en bas, à droite.

92. **Ô-gata Ko-rin.** Une branche de néflier fleuri au-dessus d'un pied de chèvrefeuille, égayé de petites baies rouges. Le cachet Ho-shioukou est placé en bas, à gauche.

93. **Ô-gata Ko-rin.** Une flamboyante crête de coq, d'un beau rose, dominée par un large tournesol penchant un peu défeuillé. Au loin, de petites herbes folles perdues dans la brume matinale. Le cachet Ho-shioukou est placé en bas, à droite.

94. **Ô-gata Ko-rin.** Une pousse de maïs robuste monte droit et haut dans ses larges feuilles derrière elle, une solanée à fleurs violettes se contourne avec grâce. Cachet Ho-shioukou placé en bas, à droite.

95. **Ô-gata Ko-rin.** Toute droite, une malvacée étale glorieusement sur son feuillage délicatement découpé ses grandes fleurs jaunes et ses boutons prêts à s'ouvrir. Le cachet Ho-shioukou est placé en bas, à droite.

96. **Ô-gata Ko-rin.** Une grande rose trémière, aux exquises fleurs d'un blanc rosé et toute chargée de boutons mi-déclos, incline la tête. Le cachet Ho-shioukou est placé en bas, à gauche.

97. **Ô-gata Ko-rin.** Au pied d'un petit tertre surmonté d'un arbuste et qu'égaie la floraison de quelques œillets blancs et roses, croît une large touffe d'iris bleus et blancs. Le cachet Ho-shioukou est placé en bas à droite.

98. **Ô-gata Ko-rin.** D'une motte de terre, des pousses de fougère s'élancent contournées ou percent à peine le sol de leurs crosses naissantes. Au-dessous, de petites pensées sauvages blanches, bleues et roses et une autre plante. Le cachet Ho-shioukou est placé en bas, à gauche.

99. **Ô-gata Ko-rin.** Un buisson de " haghi ", aux mille petites feuilles et aux fleurs rosées se silhouette gracieusement. Le cachet Ho-shioukou est placé en bas et à gauche.

100. **Ô-gata Ko-rin.** Une saxifrage, aux fleurs jaunes et aux larges feuilles, pousse à côté d'un gracieux narcisse, que dominent de hautes graminées balancées par la brise. Le cachet Ho-shioukou est placé en bas, à droite.

101. **Ô-gata Ko-rin.** Semblable à un beau décor de laque, cet éventail démonté représente un vieux cerisier, aux branches tordues et chargées de fleurs, ombrageant un pont très cintré (probablement le pont sacré de Ni-ko). Exécutée dans des tonalités très chaudes, avec une habileté merveilleuse, cette peinture est rehaussée de nuages d'or qui traversent la composition. Un cachet rouge, de forme ronde, placé en bas, à gauche, porte le nom Ko-rin. Monté sur vieilles soies.

102. **Ô-gata Ko-rin.** Également peint avec des couleurs épaisses, un peu à la façon des laques, sur un fond d'or et de vieil argent oxydé, cet éventail est décoré de quelques arbustes, aux baies rouges semblables à des cerises. Un cachet rouge, de forme ronde, apposé en bas, à droite, porte le nom Seï-seï. Monté sur vieilles soies.

O-GATA KO-RIN

N° 9

O-GATA KO-RIN

N° 97

O-GATA KO-RIN

N° 89

O-GATA KO-RIN

N° 87

O-GATA KO-RIN

N° 86

O-GATA KO-RIN

N° 85

O-GATA KO-RIN

N° 88

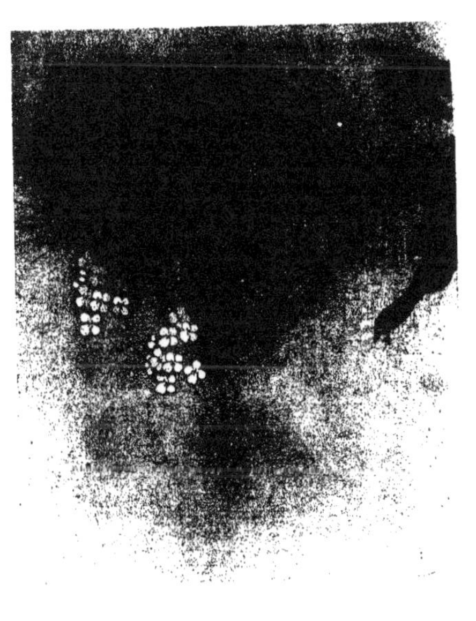

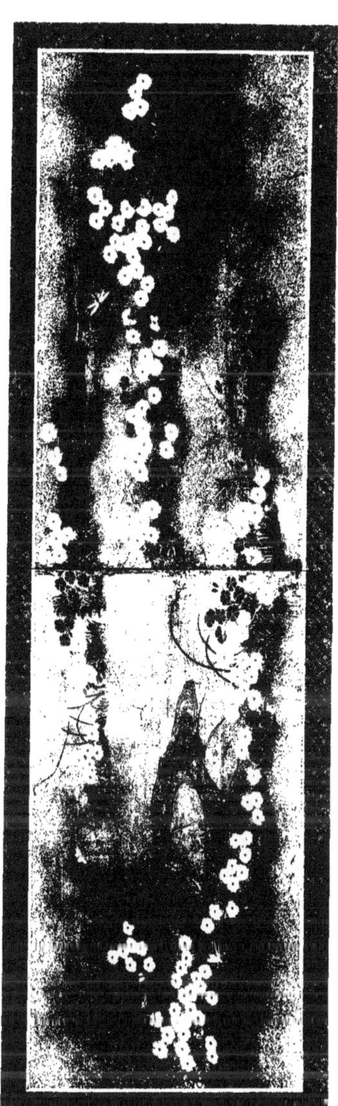

Ô-GATA KËN-ZAN

1662-1743

Fils du tisserand devenu peintre O-gata So-kën, et frère aîné de Ko-rïn (1), il se nommait personnellement Shïn-seï; Kën-ȝan ne fut qu'un des nombreux surnoms qu'ils porta (2). Cet artiste, qui avait appris de son frère Ko-rïn les éléments de la peinture, posséda un talent admirable en même temps que très personnel. Il étudia la poésie avec Hiro-sawa Tcho-ko, et devint un poète très distingué. Aussi trouve-t-on dans son œuvre de nombreuses pièces (dessins ou céramiques) non seulement peintes de sa main, mais encore accompagnées d'une poésie composée et écrite par lui. Il fut pardessus tout un merveilleux céramiste. Les objets modelés et décorés par Kën-ȝan sont toujours marqués au coin du goût le plus délicat. Toutes les poteries qu'il exécuta, particulièrement les objets destinés à la cérémonie du "tcha-no-you", sont extrêmement recherchées par les amateurs. A un âge déjà mûr, Kën-ȝan vint se fixer à Yé-do. Ce fut là qu'il s'éteignit, à 81 ans, le 2e jour du 6e mois de la 3e année de Kwan-ho (juillet 1743).

103. **Ô-gata Kën-zan** (Attribué à). Portion d'un tronc d'érable et d'une de ses maîtresses branches garnie de quelques ramilles aux feuilles rougies. C'est avec un art et une science admirables, c'est aussi avec une habileté consommée, qu'a été exécutée cette peinture. On ne sait, en vérité, qu'y admirer le plus, du sentiment de nature si naïf et si vrai, ou de la tache, si puissante et si savante. Il semble difficile de trouver une ordonnance de lignes plus belle, et une coloration plus harmonieusement riche. Un peu d'encre et de vermillon, nuancés et juxtaposés par un rare génie, très personnel, très original, ont produit ce chef-d'œuvre. Et, comme la décoration la plus parfaite sort toujours de l'étude la plus sincère de la nature, merveilleuse est l'impression décorative, autant que merveilleuse est l'impression évocatrice de nature. C'est une œuvre excellemment belle, de tous points digne de l'illustre peintre et potier que fut Kën-ȝan. Malgré tous nos efforts, nous n'avons pu déchiffrer les caractères composant la signature, placée en bas et à droite de cette peinture. D'après l'avis de nos amis du Japon, nous l'avons attribuée à O-gata Kën-ȝan.

Paravent de deux feuilles, exécuté sur papier. Larg. : 1m 78; Haut. : 0m 82. Monté en vieilles soies.

(1) Certains auteurs prétendent qu'il était le frère cadet de Ko-rïn, mais le plus grand nombre assure qu'il était l'aîné. Nous nous rangeons à l'avis de la majorité.

(2) Le surnom Kën-ȝan est formé de deux caractères, dont le premier "Kën" signifie Nord-Ouest, et se prononce dans ce cas "inouï". Le deuxième "ȝan", qui se prononce aussi "yama", veut dire montagne. Kën-ȝan est donc l'équivalent de : montagne du Nord-Ouest. Or, nous savons que Kën-ȝan résidait dans le village de Narou-taki, situé au nord-ouest du palais impérial de Kyo-to. Cette circonstance fut l'origine de son surnom. Le maître en eut d'ailleurs bien d'autres, parmi lesquels : Sho-ko, Shiou-seï-do, Shi-soui, Reï-kaï, Tô-in, etc...

SAKA-I HO-ITSOU

1763-1828

HO-ITSOU n'a été qu'un des nombreux surnoms [1] de cet artiste, nommé d'abord Tada-yori, puis Founa-nori. Il naquit, durant la treizième année de Ho-réki (1763), dans la province de Hari-ma, où son père, le seigneur Tada-yasou, possédait un petit fief, aux environs de la ville de Himé-dji. Suivant la tradition de ses aïeux, Ho-itsou dut tout d'abord suivre la carrière militaire; il devint un tireur d'arc émérite et un cavalier accompli. Mais il se fatigua vite de cette existence, pour laquelle il ne se sentait point fait, et dès lors il ne songea plus qu'à s'y soustraire. Il mit assez longtemps à réaliser son vœu; car ce fut seulement dans la 7e année de Kwan-seï, lorsqu'il eut atteint 33 ans, que, n'y tenant plus, le jeune homme s'enfuit de la maison paternelle, et alla se réfugier à Kyo-to. Embrassant l'état ecclésiastique, il entra au temple Hon-gwan ji, où il fut admis comme membre de la famille du grand-prêtre Boun-djo Sho-nïn; il prit alors le surnom de To-gakou-ïn. Quand il eut suffisamment approfondi les principes et les mystères de sa religion, Ho-itsou fut nommé "Gon-daï so dzou" (titre ecclésiastique très élevé). Arrivé à un certain âge, Ho-itsou, désireux de se retirer tout à fait du monde, alla résider à Sën-zokou moura, village situé près de Yé-do. Quelque temps après, il se fit construire une maison rustique au village de Kana-soughi, s'y installa, et prit à partir de ce moment le surnom de Oun-kwa-an. Ho-itsou, qui avait toujours montré pour la peinture un goût très prononcé, en apprit les éléments chez So Shi-séki [2] dont il parvint à bien suivre la manière. Plus tard, ayant vu des peintures de O-gata Ko-rïn, il s'éprit fortement de la facture de ce maître, et se mit aussitôt à l'imiter. Travailleur patient et infatigable, il arriva à s'assimiler parfaitement sa manière. Par reconnaissance, Ho-itsou entreprit de faire connaître le talent de ce grand artiste, qu'il considérait comme son véritable maître, bien qu'il ne l'eût jamais connu. Il y réussit pleinement. Lors du centenaire de la mort du grand peintre laqueur, Ho-itsou organisa une solennité en son honneur, et convia un certain nombre de personnalités à se rendre avec lui à Kyo-to, dans le temple de Mio-kën ji, où le tombeau de Ko-rïn avait été érigé. Ayant constaté que les lettres gravées sur ce monument étaient presque effacées par

(1) Parmi lesquels nous citerons ceux de Ki-shïn, Wo-son, Teï-hakou-shi, Boun-sën, etc....

(2) SO SHI-SÉKI, artiste de Yé-do, était élève de You-hi (peintre appartenant à la nouvelle école chinoise). D'après une autre opinion, il aurait été aussi l'élève de Tchi-nan-pïn, artiste chinois dont il sut imiter la manière, puisque Ho-itsou l'apprit de lui, et parvint à peindre également bien, suivant le principe de Tchi-nan-pïn. Sô Shi-seki a joui d'une certaine réputation, et est mort à 78 ans, dans le 3e mois de la 3e année de An-yeï (avril 1774). Suivant un autre récit, Ho-itsou aurait appris, dès sa plus tendre enfance, les éléments de la peinture, chez son frère aîné, Mouné-yori. Un peu plus tard, il serait entré dans l'atelier de Ka-no Taka-nobou (surnommé Boun-saï et Yeï-tokou, qui mourut le 10e mois de la 6e année de Kwan-seï — 1794 — à l'âge de 56 ans). Ces travaux préliminaires de l'artiste eurent lieu avant son départ pour Kyo-to, où il étudia les principes de l'école de To-sa, sans négliger Ka-no, et se pénétra aussi de l' " idée de pinceau " de l'école de Marou-yama.

O-GATA KO-RIN

N° 83

SAKA-I HO-ITSOU

N° 104

O-GATA KO-RIN

N° 91

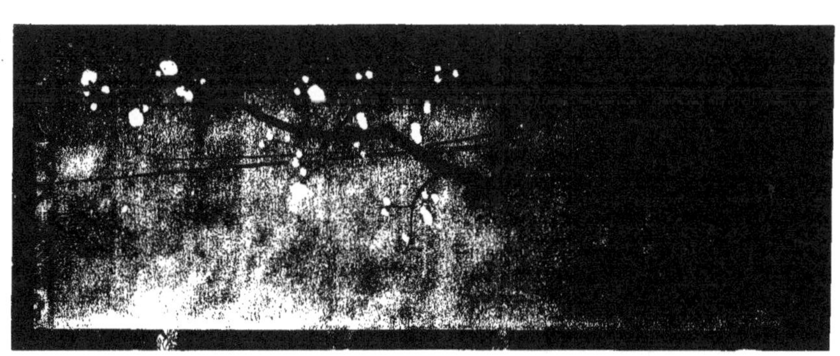

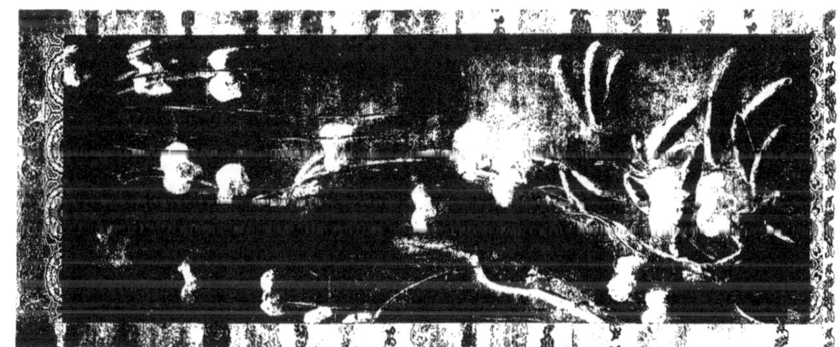

O-GATA KO-RIN

Nº 102

SAKA-I HO-ITSOU

Nº 107 (2°)

SAKA-I HO-ITSOU

Nº 107 (4°)

SAKA-I HO-ITSOU

Nº 107 (1°)

SAKA-I HO-ITSOU

N° [illegible]

[illegible]

SAKA-I HO-ITSOU

N° 105

le temps, Ho-itsou les fit graver à nouveau. Ce fut à la suite de ce pèlerinage qu'il entreprit de rechercher et de reproduire une suite de dessins de Ko-rïn. Ce travail terminé, il en forma un album et l'intitula : Ko-rïn hiakou dʒou (cent dessins de Ko-rïn). C'est grâce à cet ouvrage que l'œuvre du maître a été véritablement connue et appréciée du grand public. Bien qu'il se fût appliqué, autant qu'il l'avait pu, à reproduire les peintures de l'artiste qu'il admirait au-dessus de tous autres, Ho-itsou ne se borna pourtant point au rôle de copiste. Si sa peinture est très simple, elle est aussi de la plus exquise élégance, et fait montre des plus hautes qualités d'art. Ses œuvres ont toujours été très appréciées par ses contemporains. Ho-itsou fut aussi un calligraphe habile et un poète distingué. Comme peintre, il eut de nombreux élèves, parmi lesquels on cite : Souʒou-ki Ki-itsou, Iké-da Ko-son et Ta-naka Ho-dji. Il mourut le 29e jour du 11e mois de la 11e année de Boun-seï (décembre 1828), à l'âge de 68 ans.

104. — **Saka-i Ho-itsou.** — Branche tordue de camélia chargée de fleurs, aux pétales blancs et rouges largement épanouis. Cette charmante composition, bien digne du cerveau si raffiné de Ho-itsou, exhale une douce poésie. La facture est d'une merveilleuse habileté; la coloration d'une délicatesse exquise. En bas, à gauche, un grand cachet rond porte : Ho-itsou.

Kakémono sur papier. — Haut. : 1^{m}14; larg. : 0^{m}495. — Monture vieilles soies.

105. — **Saka-i Ho-itsou.** — Dans un étang peu profond, parmi de belles plantes aquatiques, des iris, des nénuphars, etc., peints de chaudes couleurs, sont posés deux hérons blancs. En bas, à droite, la signature : Ho--itsou Ki-shïn. Au-dessous, un cachet rouge, de forme ronde, porte : Boun-sën. Ce kakémono et le suivant (qui forme la paire avec lui) sont peints sur papier et montés en vieilles soies. — Haut. : 1^{m}20; Larg. : 0^{m}57.

106. — **Saka-i Ho-itsou.** — Ce kakémono (faisant pendant au précédent) représente un geai perché sur une branche d'érable. Les feuilles de l'arbre au tronc marbré donnent toute la gamme des rouges, depuis les orangés jusqu'aux bruns verdâtres. La vie est admirablement rendu dans le mouvement de l'oiseau. Signé en bas, à gauche : Ho-itsou Ki-shïn. Au-dessous, un cachet rouge, de forme ronde, porte : Boun-Sën.

107. — **Saka-i Ho-itsou.** — Ces quatre peintures reproduisent des motifs chers aux laqueurs de l'école de Ko-rïn. L'une représente un iris bleu et un autre blanc garni de leurs longues feuilles. La seconde montre des fleurs et des graminées. Dans la troisième, deux montagnes sont séparées par un ravin, aux cerisiers fleuris, mêlés à des sapins. Dans la dernière enfin, la lune, en partie cachée par un nuage noir, éclaire un ruisseau, au bord duquel des roseaux ont fleuri. Ces peintures, exécutées sur papier dans des tons charmants et rehaussées d'or et d'argent, devaient faire partie d'une suite nombreuse. Elles étaient peut-être collées sur quelque paravent. Trois d'entre elles donnent la signature : Ho-itsou. Un petit cachet rouge, en forme de vase, porte le même nom. — Haut. : 0^{m}215; larg. : 0^{m}165.

108. — **Saka-i Ho-itsou.** — Ces cinq petites peintures sont exécutées sur des feuilles de soie, de forme très allongée, enrichies d'un semis d'or (1). Elles représentent des arbres, des plantes ou des fleurs des différentes époques de l'année : érables, œillets, etc... Toutes sont signées Ho-itsou et marquées en outre de petits cachets illisibles. — Haut. : 0^{m}36; larg. : 0^{m}065.

(1) Ces bandes courtes de soie ou de papier portant des poésies très souvent accompagnées de peintures s'appellent des " [illegible] ".

SOUZOU-KI KI-ITSOU

1795-1858

Son nom personnel était Moto-naga. Il porta les surnoms de Tamé-zabou-rô, Souzou-ki, Ki-itsou, etc.[1]. Élève de Saka-i Ho-itsou, il parvint à imiter parfaitement la manière de son maître. Ki-itsou rendait avec une très grande habileté les personnages, les fleurs et les oiseaux. Beaucoup de ses œuvres ne le cèdent en rien à celles de Ho-itsou, qui l'a d'ailleurs proclamé son meilleur élève. Il habitait le village de Kana-soughi à Shi-ta-ya, un des faubourgs de Yé-do, et y mourut à l'âge de 65 ans, le 10e jour du 9e mois de la 5e année de An-seï (octobre 1858).

109. **Souzou-ki Ki-itsou.** De beaux iris bleus et blancs, des primevères blanches et roses se détachent sur un fond d'argent, qui occupe la partie inférieure de ce paravent. Dans la partie supérieure, plusieurs plants de chrysanthèmes, aux fleurs jaunes, rouges et blanches, largement épanouies, s'enlèvent en vigueur sur un fond d'or. Ce fond, mi-parti d'or et d'argent en diagonale, ajoute beaucoup à la somptuosité décorative et aussi à la poésie de la composition. La signature : Ki-kokou est placée en bas, à gauche, au-dessus d'un cachet rouge et rond, dont il a été impossible de déchiffrer les caractères. Paravent à deux feuilles. Haut. : 1m52; larg. : 1m68

110. **Souzou-ki Ki-itsou.** Une branche d'érable, aux ardentes rougeurs automnales, descend du haut de cet éventail qu'elle traverse diagonalement de gauche à droite. Peinture sur papier signée à gauche : Ki-itsou (?), au-dessus d'un cachet rouge.

111. **Souzou-ki Ki-itsou.** Un tout jeune chien blanc se montre disposé à maintenir ses droits de propriété sur un kaki avec lequel il joue. Éventail en couleurs sur papier. A gauche, un grand cachet rouge et de forme ronde, porte : Ki-itsou(?).

112. **Souzou-ki Ki-itsou.** Une grande dame vient, malgré le vent qui s'engouffre dans ses amples vêtements, admirer le paysage, près d'un abîme au bord duquel a poussé un pin tout tordu. Éventail en couleurs sur papier, signé à droite : Ki-itsou (?), au-dessus d'un cachet en forme de gourde.

(1) Ses autres surnoms sont : Kwaï-kwaï, Sei-sei, Itsou-an, Tei-hakou-shi, Shiou-kou-rin-sai, I-san-do, etc. Le numéro 109 nous montre qu'il s'appelait aussi Ki-kokou.

SOUZOU-KI KI-ITSOU

N° 110

O-GATA KO-RIN

N° 101

SOUZOU-KI KI-ITSOU

N° 112

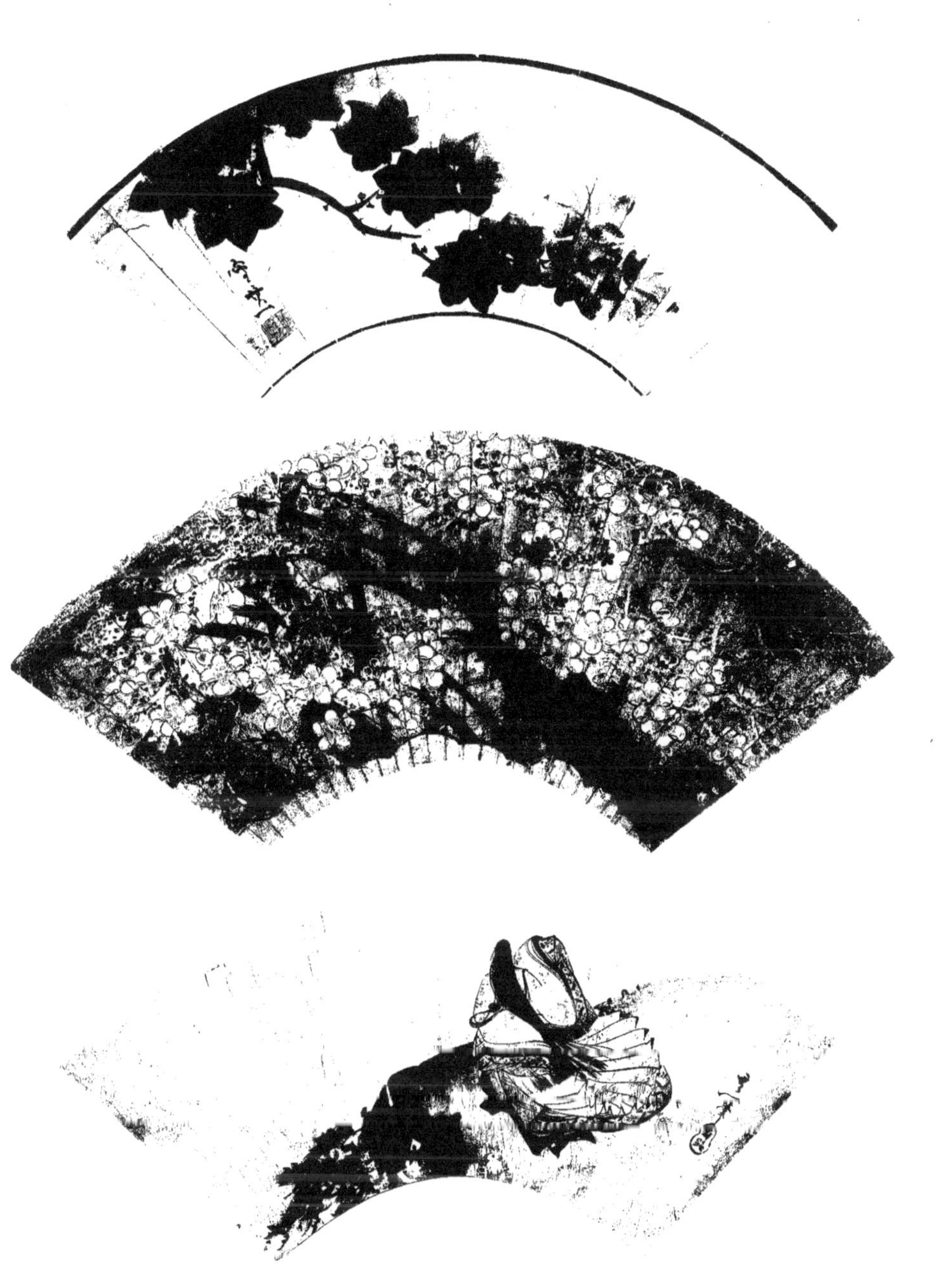

SOUZOU-KI KI-ITSOU

N° 109

O-GATA KO-RIN

N° 100

École de Marou-yama

MAROU-YAMA Ô-KIO

1732-1795

O Minamoto[1] était son nom de famille et Iwa-ji-rô son premier nom. Il porta en outre les surnoms de Mon-dô, Sën-reï[2], etc... Fils de paysans, il naquit à Ana-ta moura (village de Ana-ta) dans la province de Tan-ba. O-kio manifesta fort jeune de grandes dispositions pour la peinture. Ses parents, qui chaque jour l'emmenaient avec eux aux champs, désireux de l'initier à la culture, ne pouvaient arriver, malgré leurs efforts, à lui faire aimer leur état. L'enfant ne pensait qu'à une chose : dessiner. Dès qu'il pouvait disposer d'un moment, il étudiait les personnages, les animaux, les arbres, les herbes, etc. S'étant convaincus que leur fils ne mordrait jamais à l'agriculture, ces braves gens voulurent le faire entrer en religion; ils s'en furent avec lui prier le prêtre du temple Kon-go ji, situé dans leur village, de l'initier aux mystères bouddhiques. N'ayant pas mieux réussi à lui faire suivre cette voie, ils commencèrent à éprouver de sérieuses inquiétudes au sujet de son avenir. Ils cherchèrent alors à le placer chez quelque seigneur de Kyo-to, mais ne purent donner suite à leur projet. Dans le même village qu'eux, était établi un marchand d'articles de toilette, que le jeune O-kio aimait à fréquenter. Un jour, l'enfant dessina un "waka matsou" (jeune pin) sur un sac servant à envelopper du riz en poudre. Un "samouraï" ayant vu ce dessin l'admira fort, l'emporta, et en fit cadeau au seigneur de la province, nommé Kamé-yama, qui, lui aussi, manifesta une vive admiration. De ce moment commença la notoriété du jeune peintre; ses parents se décidant enfin à lui laisser suivre sa vocation, il se rendit à Kyo-to, pour s'y livrer à l'étude de son art. A cette époque, habitait dans la capitale un peintre nommé Ishi-da You-teï[3], qui jouissait d'une grande réputation. Le jeune O-kio entra chez ce maître sous la direction de qui il fit de rapides progrès. Devenu lui-même un artiste de mérite, il fonda une école particulière, dont l'importance fut très sérieuse par la suite. O-kio se prit d'une haute admiration pour un peintre chinois nommé Sën-shiou-kyô, qui avait vécu sous la dynastie des Chën. Il aimait à travailler d'après la manière de ce vieux maître, qu'il trouvait merveilleuse; et ce fut pour cette raison qu'il prit le surnom de Tchiou-sën (qui rappelle, par son dernier caractère, le premier du nom de l'artiste chinois). A l'âge de 33 ans, ayant copié un tableau de Sen-shiou-kyô, représentant des oiseaux

(1) D'après une autre opinion, le véritable nom de famille de O-kio aurait été Foudji-hara; l'artiste l'aurait remplacé plus tard par celui de Ghën-ji ("Ghën" est une autre manière de prononcer le caractère "Minamoto".

(2) Outre son surnom de O-kio, il a porté encore ceux de Kaï-oun, Is-sho, Ko-soui-ghio, Azana Tchiou-kin Sën-saï, Tchiou-sën-shi, Gwa-ki, Heï-an, etc....

(3) ISHI-DA YOU-TEI, dont le nom personnel était Jiakou-meï, apprit la peinture chez Tsourou-zawa Tan-keï, devint un peintre habile, et exécuta avec beaucoup de talent des paysages, des fleurs et des animaux. Il acquit une grande réputation et mourut le 25e jour du 5e mois de la 6e année de Tën-meï (juin 1786).

sur un arbre. O-kio plaça sa peinture et le modèle, l'une auprès de l'autre, devant des juges compétents, à qui il fut impossible de discerner la copie de l'original; tant celui-ci avait été parfaitement imité. Cette anecdote prouve suffisamment la remarquable faculté d'assimilation de O-kio. Ce fut vers l'époque de Tĕn-meï (1781-1788) que son talent arriva à un complet épanouissement; de ce moment donc date la véritable fondation de l'école de Marou-yama, par l'éclosion de la manière que cette école a toujours suivie depuis. Nombreuses furent les œuvres que le maître exécuta pour de grands personnages. Il peignit un jour une vue de la montagne Daï-ghi-ʒan, où se trouve une source au milieu des rochers. Ce paysage fit l'admiration des grands de l'empire. L'ambassadeur du roi de Corée éprouva, à sa vue, un très vif enthousiasme et s'écria : « Ce tableau doit être compté au nombre des œuvres de la Divinité elle-même; car il est « certes impossible à un pinceau humain d'en réussir un semblable [1] ». Peu de temps après, O-kio fut mandé par l'empereur, et en reçut l'ordre de peindre une paire de paravents décorés de paons et de pivoines fleuries. L'artiste se tira de cette commande à son grand honneur. Il travailla aussi pour le "Sho-goun" Tokou-gava alors au pouvoir; mais n'alla pourtant jamais à Yé-do, où était le siège du gouvernement shogounal. Les anecdotes foisonnent sur son compte; la suivante, entre autres, nous a semblé utile à retenir; car elle montre un des côtés saillants de son caractère : quelques marchands de bibelots s'étant un jour réunis, pour offrir un immense "tsoui-taté" (écran) au grand temple de Ghi-on à Kyo-to, demandèrent à O-kio s'il consentirait à le décorer. Celui-ci accepta et peignit une paire de coqs sur le "tsoui-taté". L'ouvrage terminé, on l'exposa dans le temple. O-kio, venu là incognito et perdu dans la foule des visiteurs, cherchait à se rendre compte de l'impression du public et à recueillir les jugements formulés sur son œuvre. Pendant longtemps, il n'entendit rien d'intéressant; enfin un jour un vieillard arrêté devant l'écran s'exclama : « L'habileté du pinceau est certes « admirable; mais, par exemple, il est difficile de distinguer en quelle saison l'artiste a « mis la scène. » Très impressionné par cette critique, O-kio suivit le vieillard jusqu'à sa demeure, et le pria de vouloir bien lui expliquer le sens de ses paroles. Le bonhomme hésita quelque peu, puis finit par faire comprendre au peintre que, le plumage des coqs variant avec les saisons, il fallait bien se garder de mettre ensemble, dans une composition, des coqs de même espèce, vêtus de plumages d'époques diverses; car cela n'était point l'expression de la vérité [2]. La leçon profita à O-kio. Dès lors, il se garda bien de peindre un sujet sans l'avoir parfaitement observé. On dit même qu'il possédait

(1) Bien que O-kio ait été extrêmement goûté de ses contemporains, il ne semble pas qu'il soit devenu bien riche; témoin le fait suivant : Il se plaignait amèrement, un jour, devant quelques personnes, de n'avoir jamais eu les moyens de peindre un sujet qui fût absolument de son choix. Un très riche marchand de la province de I-sé, nommé Mit-soui, entendant cela, s'offrit à lui fournir ce dont il aurait besoin pour exécuter le tableau rêvé. Charmé de la proposition, O-kio se mit à l'œuvre et peignit en noir, sur un paravent, deux "matsou" (pins) couverts de neige, un arbre jeune et un vieux. Puis il parsema sa composition d'or en poudre mélangé avec de l'encre, ce qui donna à l'œuvre un aspect de grande richesse.

(2) Qu'on nous permette de rapporter ici encore une légende. Celle-ci est relative à une peinture représentant un fantôme, une des œuvres les plus célèbres du maître. O-kio, qui résidait à O-tsou, dans la province de O-mi, avait une maîtresse qu'il aimait follement. Elle mourut pendant un voyage de l'artiste, qui en conçut un immense chagrin. Sans cesse il y pensait. Une nuit, il allait s'endormir, quand le fantôme de sa bien-aimée lui apparut et se posa près de son oreiller. Immédiatement O-kio se leva, prit son pinceau, et se mit à dessiner la morte chérie, telle qu'elle venait de lui apparaître. Si jolie que soit cette histoire, d'aucuns la déclarent controuvée, pour cette raison que, à l'époque de O-kio, il était de mode de posséder des portraits en buste de jolies femmes et que celui qui contem-

MORI SO-ZEN

N° 118

MORI SO-ZEN

N° 117

MORI SO-ZEN

N° 116

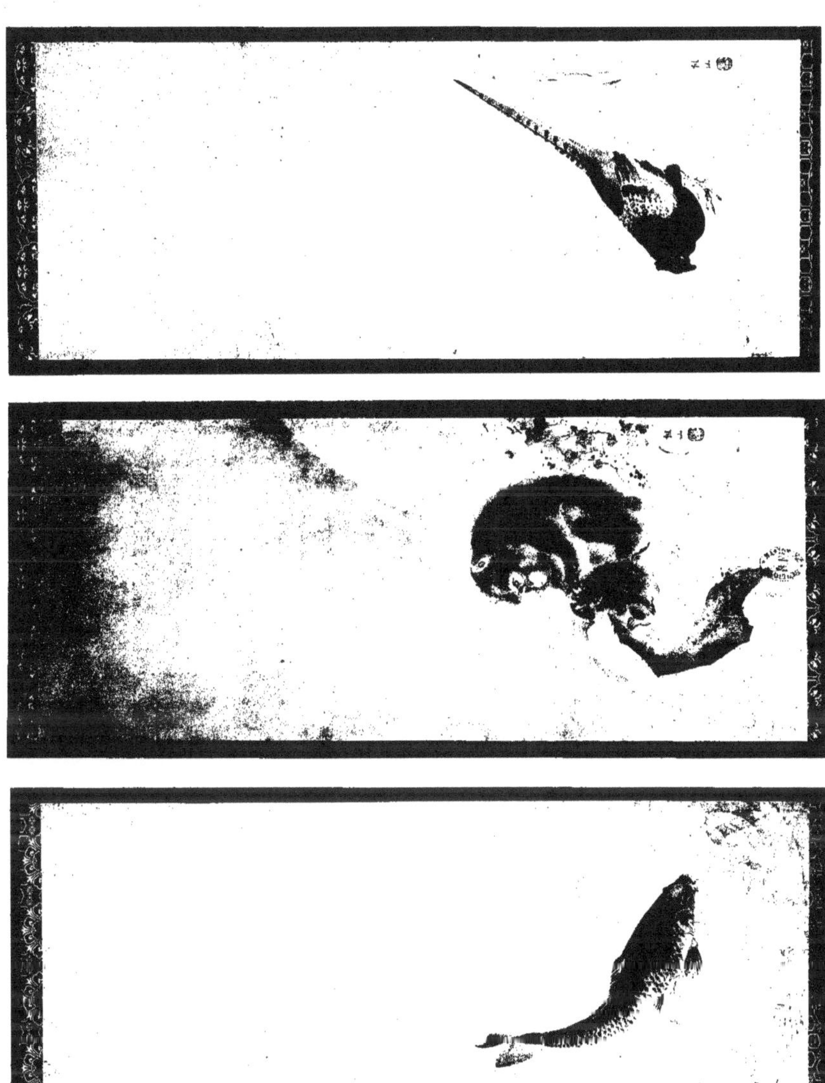

chez lui des peaux de tigres entières, afin d'en étudier de tout près la matière et la couleur. C'est à cette observation consciencieuse de la nature, à ce rendu scrupuleux des détails que O-kio doit sa grande réputation. Et réellement tous les sujets peints par lui sont empreints d'un sentiment de vérité absolument frappant. O-kio mourut le 17e jour du 7e mois de la 7e année de Kwan-seï (août 1795), à 63 ans. Indépendamment de ses trois fils : O-zoui, O-jiou et O-shïn, dignes continuateurs de la tradition paternelle, le maître eut un grand nombre d'élèves, qui devinrent à leur tour des peintres fameux[(1)].

113. **Marou-yama Ô-kio.** Dans cette composition, O-kio nous montre un enfant tirant de toutes ses forces sur la corde passée dans le mufle d'un bœuf arrêté par son effort. Cette peinture, exécutée à l'encre, rehaussée de quelques légères touches bleues et rouges, est remarquable par son puissant accent de vérité. En bas, à droite, la signature : O-kio. Au-dessous, deux cachets superposés. Celui d'en haut porte : Tchiou-sen et celui du bas : O-kio no ïn littéralement : (cachet de O-kio).

Kakémono sur papier. Larg. : 0m51; haut. : 0m32. Monture vieilles soies.

114. **Marou-yama Ô-kio.** Sous la pâle clarté de la lune, à demi cachée par les nuages, un champ de crucifères élancées, fleuries de jaune, se perd dans la brume. Une douce harmonie, une poésie exquise se dégagent de cette œuvre charmante. A droite, la signature : O-kio. Au-dessous, un cachet rouge carré porte : O-kio no ïn.

Kakémono sur papier. Haut. : 0m99; larg. : 0m39. Monture en vieilles soies.

MORI SO-ZËN

1746-1821

Natif de Nishi-no-miya[(2)], localité peu importante, située près de O-saka; cet artiste se nommait Shiou-zo de son nom personnel. Mori était son nom de famille; Shioukou-ga et So-zën[(3)] furent ses surnoms. So-zën apprit les éléments de la peinture chez un artiste de Ka-no nommé Jo-shoun-saï[(4)], et prit à cette occasion le surnom de Jo-kan-saï[(5)]. Il vint se fixer à O-saka, où il acquit un talent de peintre merveilleux. Il excellait surtout à représenter des singes, et les peignait avec un tel accent de vérité, qu'ils avaient positivement l'air d'être animés. Comme genre, So-zën procède

plait à travers la fumée des parfums, brûlant en dessous, une telle peinture accrochée devant lui, pouvait se donner l'illusion d'une apparition fantômatique. On revivait ainsi l'aventure de cet ancien empereur de Chine, nommé Bou, appartenant à la dynastie des Kan, qui voyait le fantôme de sa maîtresse lui apparaître chaque nuit au milieu de la fumée des parfums. D'ailleurs, nous l'avons dit, on retrouve beaucoup d'œuvres de ce genre, peintes vers cette époque. Le maître ne fit donc que suivre la mode, en peignant un tel sujet, et ses admirateurs imaginèrent après coup l'histoire de revenant. Cette peinture appartient actuellement à un habitant de To-kio, nommé Yoshi-ya Tamé-é-mon; ceux qui l'ont vue ont tous été convaincus que c'est bien là une composition du genre de celles dont nous avons parlé et que la mode avait mises en vogue, à l'époque de O-kio.

(1) Parmi ses nombreux élèves, on cite particulièrement le groupe des dix suivants, désignés sous le vocable : " O-kio no dji-tetsou " (dix artistes élèves de O-kio) ce sont : Koma-i Ghën-ki, Yoshi-moura Ko-keï, Naga-zawa Ro-setsou, Mori Tetsou-zan, Okou Boun-meï, Yama-goutchi, So-kén, Foukou-tchi, Ji-yeï, Yama-ato Kwakou-reï, Kamé-ka, Ki-reï et Ki-no-shita O-jiou.

(2) D'après une autre opinion, So-yën serait né à Naga-saki dans la province de Hi-zen.

(3) L'artiste écrivit d'abord son surnom So-zën au moyen de deux caractères, dont le premier, " So ", veut dire ancêtre, et le second, " zën ", signifie à peu près sorcier. Il remplaça, par la suite, le premier des deux signes par un autre, dont la prononciation est semblable, mais dont le sens est différent, puisqu'il signifie singe.

(4) YAMA-MOTO TËN-JIOU surnommé Jo-shioun-saï, habitait Nishi-no-miya; ce peintre eut pour maître Ka-no Yei-sen. Il mourut dans les années de Tën-meï (1781-1788).

(5) Il prit encore celui de Reï-meï-an.

à la fois de l'école de Shi-djo et de celle de Marou-yama O-kio. Toutefois, dans la peinture des singes, O-kio semble au contraire avoir procédé de lui. Parvenu à un certain âge, il aurait, dit-on, modifié très sensiblement sa manière de peindre. On prétend que So-zën, ayant pris l'habitude de vivre constamment dans le voisinage des singes, pour les mieux représenter dans toutes leurs attitudes, sous tous leurs aspects, avait fini par avoir lui-même des mouvements simiesques. Il est fort probable que ce n'est là qu'une légende inventée à plaisir. Ce que l'on sait par contre avec certitude, c'est qu'il était d'une grande sobriété et possédait de hautes vertus morales. Nombreux furent ses élèves. Parmi les plus distingués, on cite : Kané-da Ro-ko, Mori So-oun, Mori Shioun-keï, Mori Ghiokou-sën, etc... So-zën, dont la réputation fut immense, mourut le 21e jour du 7e mois de la 4e année de Boun-seï (août 1821), à l'âge de 75 ans.

115. **Mori So-zën.** Sur un rocher dans une fente duquel a poussé un roseau, s'ébattent deux tortues, pendant qu'une troisième, nageant, cherche à gagner la rive. Cette peinture, la première d'une suite de quatre "kakémono", dans lesquels le maître animalier montre sous des aspects si divers la souplesse de son talent, porte la signature : So-zën, en bas, à gauche, au-dessus d'un cachet ovale rouge donnant le nom : So-zën.

Ce kakémono, ainsi que les trois suivants, est exécuté en couleur sur papier, mesure. Haut. : 1^{m}27; larg. : 0^{m}53, et est monté en vieilles soies.

116. **Mori So-zën.** Un faisan picore le sol devant une touffe de roseaux. Exécutée avec une palette d'une grande richesse, cette peinture est aussi d'un mouvement très juste en même temps que d'un très noble style. La signature et le cachet So-zën sont placés en bas, à droite.

117. **Mori So-zën.** Assis sur un rocher surplombant un précipice, un gros singe est fort occupé à épouiller son petit qu'il tient entre ses jambes. Derrière eux, des plantes grimpantes; près du rocher, une chute d'eau. Les deux quadrumanes sont rendus comme So-zën seul l'a pu faire, en joignant le savoir d'un naturaliste patient à l'art du peintre le plus habile. On est tenté, devant ce chef-d'œuvre, d'admettre la légende, d'après laquelle le maître aurait vécu des mois parmi les singes, pour se pénétrer parfaitement de leur caractère autant que de leurs formes. Signature et cachet So-zën, en bas, à droite.

118. **Mori So-zën.** Une carpe nage dans une rivière, où croissent des nénuphars et quelques autres plantes aquatiques. O-kio, qui obtint un si grand succès avec ses carpes, aurait pu certes signer celle-ci; car il ne les a jamais peintes d'une main plus experte. So-zën fut évidemment un merveilleux peintre de singes, mais ce " kakémono " ainsi que le suivant... et bien d'autres, nous fait voir qu'il était, d'une manière générale, un animalier de tout premier ordre. Signature et cachet So-zën, en bas, à gauche.

119. **Mori So-zën.** Un cerf axis tourne la tête en marchant. Peint avec des gris, des jaunes roux et quelques noirs, ce tableau est une merveille de naturel et de style à la fois. Les moindres détails de la robe sont rendus admirablement, comme So-zën savait rendre des fourrures. Le procédé rappelle un peu celui des peintures de singes; mais le poil est bien de la bête toutefois. L'artiste à l'œil sûr guide toujours impérieusement l'ouvrier à la main follement habile. Signé : So-zën, en bas, à droite, au-dessus d'un petit cachet rouge ovale portant le même nom.

Kakémono sur papier. Haut. : 1^{m}05; larg. : 0^{m}495. Monture en vieilles soies.

120. **Mori So-zën.** Un singe et son petit sont assis sur un rocher au-dessus d'un précipice. Quelques plantes parasites ont poussé dans les anfractuosités de la pierre. La signature, tracée en haut, à droite, se lit : So-zën, comme aussi le cachet rond et rouge apposé au-dessous d'elle.

Kakémono sur papier. Haut. : 1^{m}02; larg. : 0^{m}42. Monture en vieilles soies.

121. **Mori So-zën.** (Série de douze peintures dont huit seulement sont montées en kakémono). Un singe, suspendu à la basse branche d'un arbre, s'apprête à manger une baie rouge. Au-dessus de lui sont des rochers herbus. Un cachet rouge ovale, portant So-zën, est placé en bas, à droite.

MORI SO-ZEN

N° [illegible]

MORI SO-ZEN

N° [illegible]

MORI SO-ZEN

N° 120

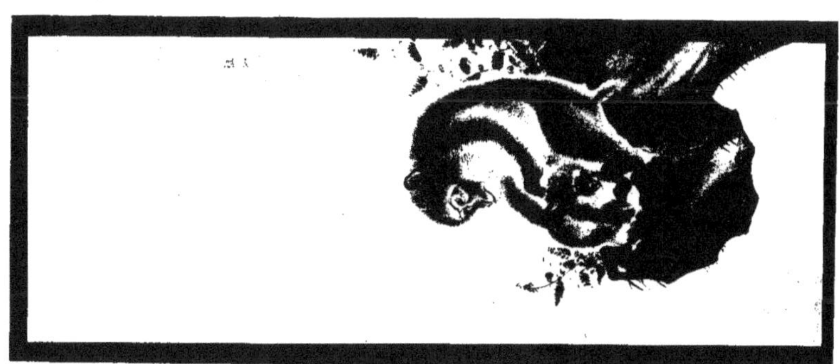

Ce kakémono et les trois suivants, peints sur papier et montés en vieilles soieries, sont hauts de 1m23 et larges de 0m45.

122. **Mori So-zën.** Accroupi sur un rocher escarpé flanqué de quelque plantes vertes, un singe épouille son petit. D'une facture et d'une tonalité analogues à celles de la précédente peinture, ce "kakémono" porte un cachet semblable, apposé en bas, à gauche.

123. **Mori So-zën.** Deux singes sont assis au-dessus d'un précipice, sur un rocher, des fentes duquel sortent de frêles tiges de bambou. Cachet So-zën en bas, à droite.

124. **Mori So-zën.** Un gros singe, assis sur un quartier de roche, regarde avec attention des plantes aux baies rouges suspendues dans le vide au-dessous de lui. Cachet So-zën en bas, à gauche.

125. **Mori So-zën.** Un singe, cramponné à l'extrémité d'un rocher en saillie, se penche fortement au-dessus du gouffre, pour attraper un papillon blanc butinant sur des fleurettes poussées aux creux de la pierre. Cachet So-zën en bas, à droite.

Ce kakémono et les trois suivants, peints en couleurs sur papier et montés en vieilles soies, mesurent : Haut. : 1m23 ; larg. : 0m49.

126. **Mori So-zën.** Près d'une cascade, un singe se hisse sur une roche d'où pendent quelques lianes aux feuilles rouillées. Cachet So-zën en bas, à droite.

127. **Mori So-zën.** Sur un terrain montagneux où ont poussé quelques plantes, un singe assis, porte son petit sur le dos et l'amuse avec un brin d'herbe qu'il tient à la main. Au-dessus, de hautes montagnes. Cachet So-zën en bas, à droite.

128. **Mori So-zën.** Un singe joue avec son petit sur un rocher, au bord d'un précipice. Çà et là grimpent quelques plantes ornées de fleurettes roses. Cachet So-zën en bas, à gauche.

129. **Mori So-zën.** Suspendu à une branche flexible d'un arbre aux feuilles mi-parties de vert et de rouge, un gros singe, vu de face, se balance gravement. Le cachet So-zën est placé en bas, à droite.

Faisant suite à la série des huit "kakémono" que nous venons de décrire, cette peinture sur papier est, ainsi que les trois dont nous allons parler, montée en panneau. Ces quatre pièces mesurent chacune : Haut. : 1m24 ; larg. : 0m49.

130. **Mori So-zën.** Deux singes accroupis dans une anfractuosité de rocher, auprès de laquelle ont fleuri des arbrisseaux. Cachet So-zën en bas, à droite.

131. **Mori So-zën.** Un singe est assis à califourchon sur le tronc penché d'un vieux saule aux branches retombantes. Cachet So-zën en bas, à gauche.

132. **Mori So-zën.** Cette peinture, la dernière de la série, nous montre un singe occupé à grimper le long d'un arbre, au sommet duquel on aperçoit de jolies fleurs rouges et roses. Cachet So-zën en bas, à droite.

Indépendants des Classiques

SEÏ-GHËN WA-SHIOU

1535-1605

SO-I était le nom personnel de cet artiste, qui porta en outre les surnoms de Ji-sho et de Kô-rô. On sait qu'il habitait la province de O-mi et que, arrivé à un certain âge, il se fit prêtre. Très habile à manier l'encre, Wa-shiou excellait à peindre les arbres et les fleurs. Il est mort dans le 11e mois de la 1re année de Kwan--boun (décembre 1661), âgé de 74 ans.

133. **Seï-ghën Wa-shiou.** Sur un tertre, d'un vert intense, des plants de chrysanthèmes blancs et rouges se détachent vigoureusement sur un fond d'or. Les fleurs aux vives couleurs sont rendues avec une vérité et aussi avec un sentiment décoratif remarquables. Signé en bas, à droite : Kô-rô; au-dessous, un grand cachet rond et rouge porte : Seï-seï (?).

Petit paravent de deux feuilles. Larg. : 1m05; haut : 0m63.

KAÏ-HOKOU YOU-SHO

1535-1615

Cet artiste, dont le nom était Sho-yéki et le surnom You-sho, naquit dans la province de Kô-shiou. Son premier maître fut Ka-no Yeï-tokou [1], dont il suivi admirablement les principes. Un peu plus tard, il s'embarqua pour la Corée, étudia la manière de Ryô-kaï, célèbre peintre coréen (ou chinois) et parvint à s'assimiler parfaitement son " idée de pinceau ". Revenu à Kyo-to, il s'y fixa, et fonda une école qui se distingua par sa manière large et puissante. La maîtrise avec laquelle il peignait les personnages aussi bien que les paysages, les fleurs et les oiseaux, lui valut une grande réputation. You-sho s'éteignit à l'âge de 83 ans, le 2e jour du 6e mois de la 1re année de Ghën-wa (juillet 1615).

134. **Kaï-hokou You-sho.** Sur les branches dépouillées d'un vieux saule deux oiseaux sont perchés. L'un s'apprête à dévorer un insecte qu'il tient sous sa patte; l'autre se balance à l'extrémité d'une ramille. En bas, à droite, deux cachets; sur celui d'en haut, de forme rectangulaire, on lit : Kaï-hokou; l'autre carré porte : You-Sho.

Kakémono à l'encre sur papier. Haut. : 0m85; larg. : 0m40. Monture en vieilles soies.

(1) Pour la biographie de ce peintre, voir page 12, note 3.

MORI SO-ZEN

N° 123

MORI SO-ZEN

N° 121

MORI SO-ZEN

N° 122

MORI SO-ZEN

N° 126

MORI SO-ZEN

N° 125

MORI SO-ZEN

N° 124

MORI SO-ZEN

N° 128

MORI SO-ZEN

N° 129

MORI SO-ZEN

N° 127

MORI SO-ZEN

N° 131

MORI SO-ZEN

N° 130

MORI SO-ZEN

N° 132

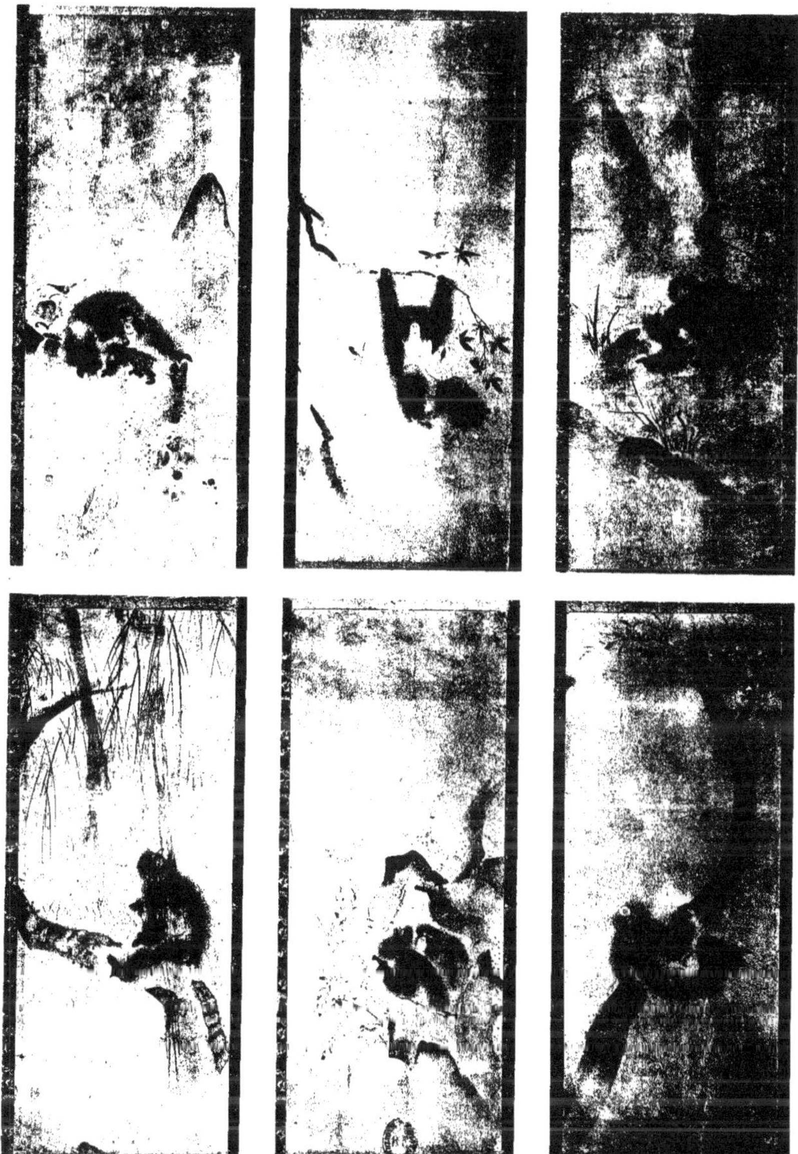

135. **Kaï-hokou You-sho.** Cette petite peinture, d'une grande richesse de couleur, nous montre une corbeille à deux étages. Celui du haut est rempli de fleurs, au brillant éclat, mises en valeur plus haute par les bruns très chauds de la vannerie. L'autre contient des fruits : nèfles, aubergines, melon d'eau, etc... Cette composition est peinte tout à fait dans la manière chinoise que You-sho aimait tant et qu'il a tant étudiée. En haut, à droite, est un cachet rouge carré sur lequel nous déchiffrons : You-sho.

Peinture sur soie. Haut. : 0m425; larg. : 0m28. Monture en vieilles soies et tissus d'or.

136. **Kaï-hokou You-sho.** (Attribué à). Deux pivoines, l'une rose tendre, l'autre rouge vif, s'enlèvent en vigueur, avec leur feuillage vert, sur un fond brun chaud. Facture très chinoise.

Kakémono sur soie. Larg. : 0m42; haut. : 0m34. Monture en vieilles soieries.

SHO-KWA-DO

1583-1639

Ce Naka-moura et Shiki-bou étaient les noms personnels de cet artiste, qui porta en outre les surnoms de Taki-moto, de Sho-jo-wo et, dans sa vieillesse, ceux de Sho-jo et de Sho-kwa-do. Nous savons qu'il était de Na-ra, où son frère aîné, Naka-moura Sa-kio, était employé dans le temple Itchi-jo-ïn (1). Doué d'un caractère aimable et spirituel, Sho-kwa-do conserva toute sa vie un penchant à la gaîté, qu'ont reflété la plupart de ses œuvres. Quand il eut atteint sa vingtième année, il entra en religion, et se mit au service de Taki-moto Bô Jitsou-ji (2), grand prêtre du temple Otoko-yama (dans la province de Yama-shiro), qui l'initia au schisme bouddhique " You-ga-shiou ". Après s'être livré à une étude approfondie de cette doctrine, et en avoir pénétré tous les mystères, il fut nommé prêtre du temple, et promu à la dignité ecclésiastique de A-dja-ri Ho-ïn (3). Plus tard, il résida dans les bonzeries de Shiou-rô Bô et de Taki-moto Bô. Sho-kwa-do cultiva conjointement la calligraphie et la peinture. Il apprit le premier de ces arts de Ko-no-yé Riou-zan, le second de Ka-no San-rakou (4). Il étudia depuis la manière du célèbre bonze Ko-bo Daï-shi (5), pour l'écriture; et, pour la peinture, celle d'un artiste chinois nommé In-da-ra. Sho-hwa-do, tout jeune encore, rencontra, un jour, dit-on, un vieux prêtre fort original, qui lui parla à peu près en ces termes : « En regardant votre écriture, je lui trouve de grandes qualités naturelles. Si vous « continuez à travailler, en suivant de préférence votre propre manière, sans trop vous « arrêter aux diverses méthodes connues, je crois que vous parviendrez à posséder en « calligraphie un talent très beau et très personnel. » Et il ajouta : « Les animaux, les

(1) Ce fut peut-être l'exemple de son frère aîné qui engagea l'artiste à embrasser aussi la vie religieuse.

(2) Ce fut sans doute pour ce motif qu'il prit le nom de Taki-moto.

(3) Haute dignité accordée aux prêtres.

(4) Voir pour la biographie de cet artiste, page 23.

(5) Bonze fameux qui vivait au IXe siècle. On lui attribue l'invention du hira-kana l'un des alphabets japonais.

« oiseaux, les insectes, etc..., sont doués d'une beauté naturelle; il vaut donc mieux prendre « la nature pour modèle que s'inspirer d'un maître. Toutefois, avouons que nul, s'il ne « possède une âme d'artiste, n'est susceptible de bien comprendre la pensée mise par le « Créateur dans la beauté des formes. » Ces mots produisirent sur Sho-kwa-do une impression profonde; qu'il écrivit ou qu'il peignit, il n'oublia jamais les paroles du vieillard; aussi devint-il un artiste très habile. Il fonda alors une école particulière. A l'époque où vivait Sho-kwa-do, une paix profonde régnait dans tout le pays; on recommençait à s'intéresser aux choses de l'art. Les peintures, ainsi que les manuscrits du maître obtinrent la haute estime du public; on se disputa ses œuvres. Vers la fin de sa vie, il se fit construire une habitation sur une colline située au sud du temple de Otoko-yama(1), s'y installa et la nomma Sho-kwa-do(2) (textuellement : temple, fleurs, sapin, c'est-à-dire temple du sapin fleuri). Il y mourut, durant le 9e mois de la 16e année de Kwan-yeï (octobre 1639), dans sa 56e année.

137. **Sho-kwa-do.** Ho-teï, appuyé sur le fameux sac, tient un éventail de la main droite; la gauche est posée sur le genou. Le dieu du bonheur sourit malicieusement. Un cachet, portant : Sho-jo (l'un des surnoms du maître), est placé au-dessous du sujet.

Kakémono à l'encre sur papier. Haut. : 0m79; larg. : 0m27. Monture en vieilles soies.

138. **Sho-kwa-do.** Cette peinture nous montre encore Ho-teï, de face, assis sur son sac. Portant toujours dans sa main droite l'éventail des juges arbitres de la lutte, il tient la gauche levée. L'expression joviale, habituelle à ce protecteur de l'enfance, fait place ici à la gravité préoccupée. L'artiste a sans doute voulu représenter Ho-teï rendant un jugement dans un cas délicat. En bas, à droite, deux cachets; celui de dessus porte : Sho-jo-wo; l'autre : Sho-jo.

Kakémono à l'encre sur papier. Larg. : 0m425; haut. : 0m305. Monture en vieilles soieries.

139. **Sho-kwa-do.** Quelques fruits posés sur un plateau nous montrent le souple talent du maître sous un tout autre aspect non moins intéressant. Signé en bas, à gauche : Sho-jo-wo; au-dessous, un cachet rouge porte : Sho-kwa-do (nom que prit l'artiste dans sa vieillesse). A ce kakémono est joint un certificat portant le nom de Ko-setsou, bonze peintre d'un certain mérite. Il atteste que cette peinture est bien due au pinceau de Sho-jo-wo Sho-kwa-do.

Kakémono à l'encre sur papier. Larg. : 0m40; haut. : 0m245. Monture en vieilles soies.

(1) Temple situé dans la province de Yama-shiro; peut-être aux environs de Kyo-to.

(2) Ce fut alors aussi, sans doute, qu'il prit lui-même ce nom.

SHO-KWA-DO

N° 138

SHO-KWA-DO

N° 137

KA-NO TAN-NIOU

N° 25

HANABOUSA IT-TCHO

N° 186

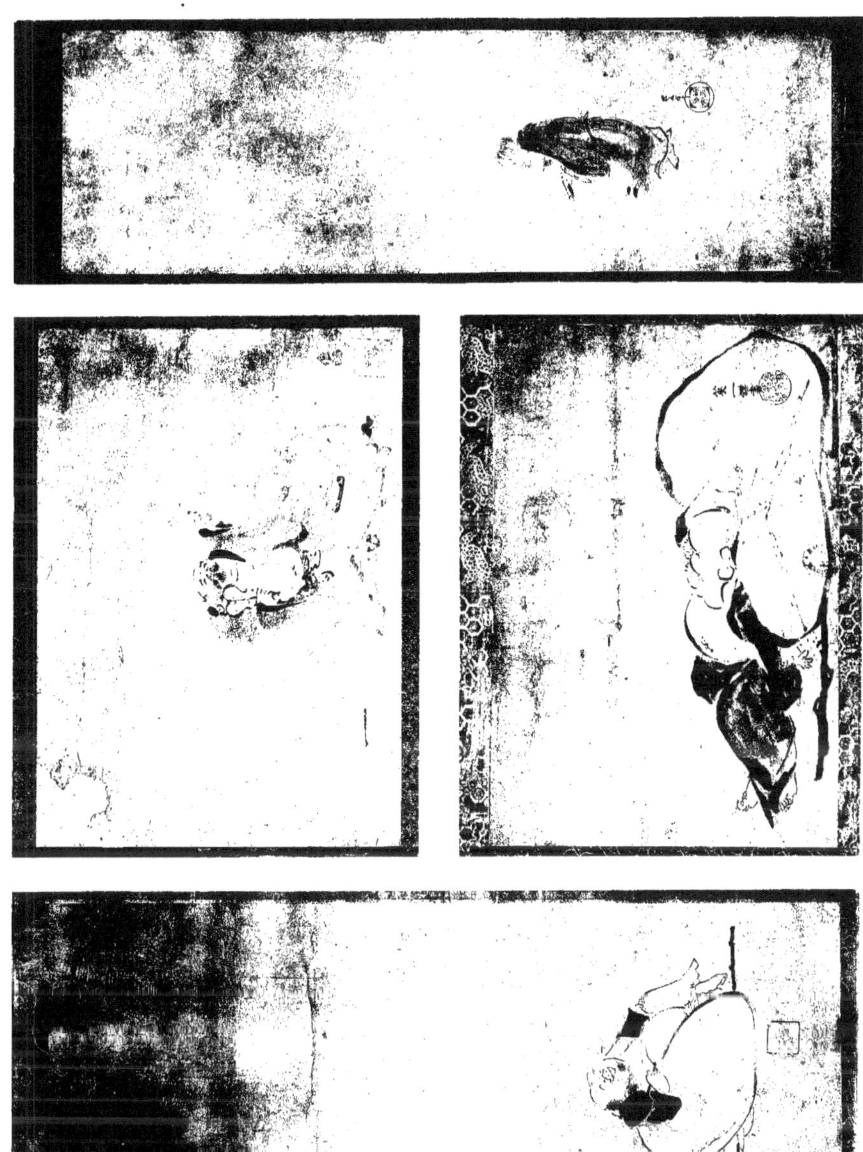

Indépendants des Classiques

MI-TANI YEÏ-KO

Début du XVIIIe Siècle

Ce fut sans doute parce que son maître Ka-no Shiou-shïn portait[1] le surnom de Yei-shioukou, que Mi-tani prit le nom de Yeï-ko[2]. On ne sait rien de ce maître, sinon qu'il vivait vers l'époque du "nëngo" Ho-yeï (1704-1710).

140. **Mi-tani Yeï-ko.** Quelques plantes fleuries, d'une jolie coloration et d'une facture un peu chinoise, sont toute cette gracieuse peinture. La signature apposée en haut, à gauche, semble faire partie de la composition, tant par la place que lui a donnée l'artiste que par la valeur même de son noir. Au-dessous de la signature : Yeï-ko, sont deux cachets rouges que nous n'avons pu déchiffrer.

Petit panneau sur soie entouré d'une bande de vieil or. Larg. : 1m14 ; haut. : 0m32.

I-TO JAKOU-TCHIOU

1705-1800

I-TO était son nom de famille; son nom personnel Jo-ko Keï-wa. Il s'appela d'abord Shioun-kio et porta entre autres surnoms celui de Jakou-tchiou. Il commença par vendre des légumes en gros à Kyo-to; mais il avait manifesté dès son enfance un goût prononcé pour le dessin. Envoyé d'abord, pour apprendre les éléments de cet art, chez un maître de l'école de Ka-no, il se livra ensuite à une étude approfondie des vieux peintres chinois, qui avaient illustré les dynasties célèbres des Ghën et des Mïng, puis il s'assimila la manière de O-gata Ko-rïn. Amalgamant alors les principes de ces différentes écoles, il créa un genre très particulier, qui valut une grande réputation à l'école qu'il fonda. Jakou tchiou peignit avec beaucoup de talent les personnages, les paysages, les fleurs, les animaux et les oiseaux, mais il excella surtout à représenter des coqs. Il fit preuve d'une habileté consommée dans le rendu de ces volatiles. Pour mieux réussir ses modèles, qu'il affectionnait particulièrement, il en élevait lui-même et pouvait ainsi les étudier plus à l'aise. Aussi parvint-il à les portraiturer avec un sentiment de

(1) KA-NO SHIOU-SHIN, fils de Ka-no Toki-nobou et petit-fils de Ka-no Yasou-nobou, fut un artiste renommé qui mérita le titre de "Ho-ghën". Il mourut le 6e mois de la 9e année de Kyo-ho (juillet 1724), à l'âge de 50 ans.

(2) Le premier caractère "Yeï" est identique dans ces deux noms.

vie, qui ne fut jamais dépassé. « On croirait, dit un auteur, que les coqs peints par lui « vont se mouvoir et chanter. » Jakou-tchiou ne semblait pas se préoccuper de la forme esthétique; il ne s'attachait qu'à reproduire les objets ou les êtres tels qu'il les voyait. La nature seule avait le don de l'intéresser. Les peintures de ce maître furent tenues en grande estime par ses contemporains et sa renommée se répandit partout. Arrivé à un certain âge, il se mit sous la direction d'un grand-prêtre nommé Hok-ko et habita une maison solitaire près du temple Séki-ho ji à Kyo-to. Du temps que Jakou-tchiou demeurait là, il arrivait assez souvent que des gens, désireux d'avoir un coq peint de sa main, lui apportaient en paiement une certaine quantité de riz, habituellement un "to" (mesure de capacité équivalente à 18 litres). De là lui vint son surnom de To-beï-an (textuellement : "to" mesure de capacité; "beï", riz et "an", maison solitaire. Jakou-tchiou mourut le 10e jour du 9e mois de la 12e année de Kwan-seï (octobre 1800) à 85 ans.

141. **I-to Jakou-tchiou.** Cette composition, d'une couleur très vigoureuse, représente un coq et une poule picorant devant un arbuste aux feuilles jaunies par l'automne. La vue de cette belle peinture nous fait comprendre l'engouement des Japonais pour l'admirable artiste qui l'a exécutée. Certes, nul, pas même O-kio, n'eût rendu le coq avec un sentiment plus exact de la nature. Si Jakou-tchiou semble s'être attaché à un genre unique, il sut en devenir un maître incontesté. Un grand cachet rouge de forme ronde, apposé en bas et à gauche, porte : Jakou-tchiou Ko-ji.

Kakémono sur papier. Haut. : 1m04; larg. : 0m38. Monture vieilles soies.

142. **I-to Jakou-tchiou.** D'une observation non moins exacte, d'un rendu également vrai, cette peinture représente un superbe coq et une poule cherchant pâture. Derrière les oiseaux, un pied de campanule aux blanches fleurs se détache en tonalités très douces sur le fond gris brun. Le même soin a été apporté à rendre le mouvement et les couleurs de l'animal, dans cette œuvre certainement d'une facture aussi habile que celle de la précédente. En haut et à droite se trouve, en manière de signature, une inscription dont les caractères ne sont pas très distincts. Nous y lisons cependant les deux noms : To-nan-soui et Foudji-hara. Quant au cachet apposé au-dessous, il porte les caractères : Foudji-hara (1).

Kakémono sur papier. Haut. : 0m835; larg. : 0m325. Monture vieilles soies.

KIKOU-TCHI YÔ-SAÏ

1787-1878

YO-SAI appartenait à une famille illustre. Un de ses ancêtres, Také-toki, avait été gouverneur de la province de Hi-go. Také-naga, dix-neuvième descendant de ce personnage, ayant quitté sa province, vint se fixer à Yé-do et se mettre au service du gouvernement shogounal; mais, n'ayant point de fils, il adopta pour lui succéder, un fils de son frère cadet Ka-wara Mou-sha. Ce fut cet enfant, nommé Kikou-tchi Také-yasou, qui

(1) L'absence de ces noms, dans la biographie de l'artiste, n'infirme nullement l'attribution de cette peinture. Les maîtres japonais portaient un si grand nombre de surnoms, qu'il est impossible de les connaître tous.

[illegible]-TO JAKOU-TCHIOU
N [illegible]

[illegible]

N [illegible]

[illegible]-TO JAKOU-TCHIOU
N [illegible]

devint le célèbre artiste connu sous le nom de Yo-saï. Très jeune, Yo-saï, dont l'intelligence était remarquable, aimait à s'instruire dans la lecture des livres d'histoire; aussi, devint-il fort érudit. A dix-huit ans il suivit l'enseignement de Taka-ta Yĕn-jo [1], et étudia avec la plus grande ardeur la manière de Ka-no que ce maître lui enseigna. Yĕn-jo, qui était non seulement un peintre habile mais encore un observateur consciencieux, tint un jour à son élève, qui ne l'oublia jamais, le discours suivant : « Si l'on veut, dit-il, apprendre « la peinture, il faut d'abord étudier attentivement toutes les anciennes écoles en ne prenant « de chacune que ce qui semble le meilleur. Mais il faut bien se garder de se renfermer dans « les limites étroites d'aucune d'elles. » A partir de ce moment, Yô-saï se livra à une étude approfondie des grands maîtres; puis il fonda lui-même une école particulière qui fut des meilleures. Toutes les peintures exécutées par cet artiste, qu'elles représentent des personnages officiels, des arbres, des plantes, des poissons, aussi bien que des paysages ou des temples célèbres, sont toujours empreintes d'un grand sentiment de vérité. Ses paysages sont remarquables, par la façon savante dont la perspective aérienne y est comprise et par l'exactitude avec laquelle sont représentés tous les objets qui s'y trouvent. Les œuvres de Yo-saï ressemblent beaucoup aux tableaux à l'huile des Européens; ainsi, par exemple, les poissons qu'il a peints sont si bien rendus qu'ils semblent véritablement nager. Quand on regarde les vapeurs et les nuages sortis de son pinceau, on croit toujours qu'ils vont disparaître emportés par le premier souffle de vent [2]. Il suivit en peinture les "idées de pinceau" de trois grands artistes : Ka-no Tan-niou, Marou-yama O-kiô et Tani Boun-tcho. Il se perfectionna aussi en s'assimilant la manière de la vieille école de To-sa. Il s'était fait sur la peinture des théories qu'il exposait volontiers. « Il faut toujours, disait-il, prendre la vérité pour guide, dans la représentation des êtres « et des choses. S'agit-il d'un paysage, cherchez d'abord un site agréable. Si vous avez « à peindre le portrait de quelque personnage des âges passés, enquérez-vous des « costumes et des usages de son temps, des détails de l'étiquette régnante alors à la cour. « Faites revivre exactement toute son époque, afin de le bien placer dans le cadre qui lui « convient. » Pour arriver à ce résultat qu'il souhaitait, Yo-saï était sans cesse par les routes, visitant les vieux temples, recherchant les objets d'art de toute sorte conservés dans les anciennes demeures. Et c'est pour cela que ses peintures sont toujours d'une scrupuleuse exactitude. Indépendamment de l'admirable portrait qu'il fit de l'Empereur Go-daï-go [3] l'artiste dessina plus de cent personnages illustres et en forma un recueil très intéressant [4]. Le père de l'Empereur actuel, à qui cet ouvrage fut présenté par son premier ministre, le goûta fort et en exprima toute sa satisfaction. Sa Majesté, non moins admi-

(1) Taka-ta Yĕn-jo, peintre de Yé-do, élève de Jo-to Boun-riou, mourut durant la 6e année de Boun-ka (1809).

(2) C'est, bien entendu comme toujours, l'auteur japonais qui s'exprime de la sorte; notre rôle se borne uniquement à celui de traducteur.

(3) Cet empereur, célèbre par son exil, monta sur le trône vers 1319. Il en fut précipité, erra longtemps, subit des avanies de toute sorte et mourut enfin vers 1338. Yo-saï, qui était allé visiter le temple Nio-i-rin ji, où se trouve le tombeau de Go-daï-go, fit le portrait de cet empereur à la demande d'un bonze du temple. Peut-être se souvenait-il aussi que ses ancêtres avaient été les sujets dévoués de l'infortuné souverain. On raconte que, avant de commencer cette peinture, Yô-saï fit exprès le voyage de Kyo-to, pour voir les vêtements que l'Empereur avait portés. Il observa ensuite un jeûne vigoureux de sept jours, pendant lesquels il s'astreignit à ne penser qu'à son sujet. Prenant enfin son pinceau, il se mit en devoir d'exécuter le portrait vénéré.

(4) Cet ouvrage est intitulé : "Zĕn-kĕn Ko-jitsou" (véritables portraits des sages anciens et modernes). Il débute par la figure de Kami-té no Mikoto, prince fameux de l'antiquité et se termine par celle de Hoso-kava Yôri-youki, seigneur des temps modernes, célèbre par sa bravoure.

ratrice que son père du talent du maître, lui conféra le titre de "Ni-hon gwa-shi" (peintre lettré du Japon). En 1876, à 89 ans, Yô-saï envoya à l'exposition internationale de Philadelphie une peinture qui lui valut une médaille. Il mourut le 16ᵉ jour du 6ᵉ mois de la 11ᵉ année de Meï-dji (16 juin 1878), âgé de 91 ans.

143. **Kikou-tchi Yô-saï.** Dans un ciel nuageux, la lune apparaît à travers le brouillard. D'un impressionnisme intense, cette peinture rend à merveille la profondeur du ciel dans les nuits de pleine lune. En bas, à gauche, la signature : Yô-saï Kikou-tchi Také-yasou, accompagnée d'un cachet rouge portant : Také-yasou.

Kakémono à l'encre sur soie. Haut. : 1m31; larg. : 0m84. Monture en soieries.

144. **Kikou-tchi Yô-saï.** Ce kakémono (qui forme paire avec le précédent) montre, éclairé par les rayons blafards de la lune, un énorme cerisier en fleurs planté au flanc d'une colline. Cette peinture, digne complément de la précédente, porte en bas, à droite, la signature Yô-saï Také-yasou, au-dessous de laquelle on lit sur un cachet rouge : Také-yasou.

Kakémono semblable comme matière, dimensions et monture au précédent

FOUDJI-HARA MASA-ZOUMI

XIXᵉ Siècle

Malgré toutes les recherches faites par nous, nous n'avons rien pu découvrir touchant le peintre désigné sous ces noms ou surnoms. Nous pensons qu'il a dû vivre dans le XIXᵉ siècle et qu'il fut probablement élève de l'école de Ka-no [1].

145. **Foudji-hara Masa-zoumi.** Dans l'intérieur d'une demeure seigneuriale, une jeune femme, vêtue d'un joli costume, se tient à genoux dans l'attitude du plus profond respect. Elle explique à un personnage, prêt à sortir, que son "bakama" (sorte de pantalon) est mis à l'envers. Derrière la jeune femme, sur un grand "tsoui-taté" (écran), un saule est largement peint. Au-dessus de la composition est écrite une courte poésie dont voici à peu près le sens : « Si l'on ne punit point celui qui doit l'être, comment corrigera-t-on les fautes du peuple (2) ». En bas, à droite, la signature : Masa-zoumi; au-dessous est apposé un petit cachet rouge portant : Foudji-hara.

Kakémono en couleurs sur soie. Haut. : 1m04; larg. : 0m385. Monture en vieilles soieries.

(1) L'habitude qu'ont les Japonais (et surtout les artistes) de porter plusieurs noms ou surnoms, ne laisse point que d'être extrêmement gênante pour ceux qui, possédant une œuvre, s'occupent d'en rechercher l'auteur. Nous voyons, en effet, que Ka-no Yeï-shin eut un fils nommé Masa-nobou (dont le nom commence par un caractère très peu employé, identique à celui du peintre qui nous occupe). Ce Masa-nobou eut de nombreux élèves; et il ne nous semble pas impossible que Masa-zoumi ait été l'un d'entre eux. Ka-no Masa-nobou est mort la 13ᵉ année de Meï-dji (1880) à l'âge de 58 ans.

(2) Cette poésie, signée Mo-gakou-san, donne une étrange idée de la vieille morale japonaise, quand on connaît la légende à laquelle elle fait allusion : « Au temps jadis, vivait un seigneur, qui avait expressément interdit à sa femme, sous peine de répudiation immédiate, de se mêler jamais de ses affaires. Quoi qu'il fit ou dît, elle devait rester muette. Un jour pourtant, s'apercevant que son mari allait sortir avec son pantalon à l'envers, la dame lui fit remarquer sa distraction. Ce seigneur reconnut l'exactitude du fait, mais ne toléra point l'observation. Il déclara ne vouloir pas, bien qu'il lui en coutât, revenir sur la défense faite et il punit incontinent son épouse, en la renvoyant dans sa famille. »

KIKOU-TCHI YO-SAI

N° 143

KIKOU-TCHI YO-SAI

N° 144

SOUMI-YOSHI[1] HIRO-MORI

1704-1777

Second fils de Soumi-yoshi Hiro-yasou[2], Hiro-mori porta le surnom de Naï-ki. " Au soir de son âge, il se rasa la tête" et prit, à cette occasion, le surnom de Keï-shi. Devenu peintre officiel du gouvernement shogounal, il fut nommé "Ho-ghën". Il acquit une grande réputation et mourut dans le 10e mois de la 6e année de An-yeï (novembre 1777), à l'âge de 73 ans.

146. **Soumi yoshi Hiro-mori.** Dans un bateau mû par un seul rameur, deux amoureux de grande naissance (qui pourraient bien être la belle et illustre poétesse Ko-matchi et le prince Nari-hira) quittent la rive, au pied d'un vieux pin tordu tout couvert de neige.

Kakémono en couleur peint sur soie. Haut. : 0m86; larg. : 0m44. Monté en vieilles soieries.

GAN-KOU

1748-1839

Bien que Sa-éki fût le véritable nom de famille de cet artiste, il préféra le remplacer par celui de Gan; et comme, d'autre part, il se nommait Kou, il signa Gan-kou[3]. Mitchi-hisa, son père, d'abord " kéraï " (vassal) de To-yama, " daï-miô " de la province de Et-tchiou, ayant quitté son seigneur, vint se fixer à Kana-zava, dans la province de Ka-ga. C'est là que naquit Gan-kou. Dès sa plus tendre enfance, il manifesta pour le dessin un goût très prononcé; et ses parents, désireux de lui faciliter l'étude de cet art, le firent voyager dans plusieurs provinces. Dès qu'il eut atteint l'âge d'homme, il alla s'installer à Kyo-to et entra au service du prince Arisou-gava, qui lui confia l'emploi de "Outa-no-souké"[4]. Il fut élevé à des fonctions très enviées et reçut même le titre de gouverneur de la province de Etchi-zën[5]. Naturellement, en aucune de ces bril-

(1) Nom de l'école célèbre dont faisait partie notre artiste. Cette école avait été fondée par Soumi-yoshi Keï-ou, peintre de l'école de To-sa, qui vivait dans le " nëngo " Kën-nïn (1201-1203).

(2) Hiro-yasou, fils de Soumi-yoshi Hiro-zoumi, s'appela d'abord Hiro-yoshi et porta le surnom de Naï-ki. C'était un peintre habile. Il mourut durant la 3e année de Kwan-yën (1753), à l'âge de 85 ans.

(3) GAN-KOU porta une quantité de noms, entre autres : Masa-aki, Foun-zën, Kouwa-yo, Do-ko-kan, Ka-kan-do, Ko-to-kan, Tën-kaï-koutsou, Kiou-so-ro.

(4) L' " Outa-no-souké " était le secrétaire du " Ga-gakou riô ". C'était ce " riô " (bureau) qui dirigeait tout ce qui concernait la musique, la danse, la poésie, ainsi que leur enseignement. Le secrétaire de ce bureau occupait le rang " sho-rokou-i-ghé " (16e rang).

(5) Ce titre, bien qu'honorifique, devait rapporter certains privilèges. Avant

lantes situations, il n'abandonna la peinture; il y consacra au contraire tout le temps dont il put disposer, et fit de grands progrès dans son art. Gan-kou s'était attaché d'abord à suivre la manière du peintre chinois Tchin-nan-pïn et avait exécuté des "peintures fines", d'après les principes de ce maître. Après s'être livré à une étude approfondie de plusieurs grandes écoles, il fonda un atelier particulier. Dès lors, sa renommée, sans cesse grandissante, se répandit par tout le pays. Sa réputation dépassa même les limites de sa patrie; puisque deux personnages chinois, Yo-shioukou-bou et Tokeï-ki, ayant entendu vanter son mérite, le firent prier, par l'intermédiaire de Sakaki, interprète de l'État de Naga-ȝaki, de vouloir bien leur peindre une vue du mont Fouji. Gan-kou, ayant accepté la commande, l'exécuta et la leur envoya. Les Chinois l'admirèrent fort, la déclarèrent merveilleuse et firent demander à l'artiste s'il daignerait leur peindre encore un tigre; ce à quoi il consentit. Ce fut depuis ce moment-là que les tigres de Gan-kou eurent tant de succès (1). Devenu vieux, le maître répara un temple en ruines, situé à Iwa-koura; puis, ayant élevé dans son enceinte une maison solitaire, il s'y installa et l'appela " Ten-kaï-koutsou "; plus tard, il adopta ce nom pour lui-même. Il s'éteignit dans cette paisible demeure, le 5e jour du 12e mois de la 9e année de Tën-po (janvier 1839), âgé de 90 ans.

147. **Gan-kou.** Au premier plan, un homme pêche de sa barque à demi cachée dans la végétation d'un marais. Au fond, on aperçoit la hutte qui sert d'abri à ce pêcheur. Le vent fait rage; la rafale couche violemment les roseaux et s'acharne aussi sur le pauvre toit de chaume. Mais le pêcheur philosophe ne semble point ému de la tempête. Signé en haut, à gauche : Outa-no-souké Gan-kou. Au-dessous, deux petits cachets à l'envers; celui du haut donne Gan-kou; l'autre est indéchiffrable.

Kakémono en couleurs sur soie. Haut. : 1m48; larg. : 0m565. Monture en vieilles soieries.

148. **Gan-kou.** Sur le dos d'un énorme bœuf couché, un enfant dort, la tête dans ses deux poings fermés. Largement tachée de noir intense, avec quelques touches d'indigo et de rouge, cette composition, d'une facture extrêmement hardie, nous montre que Gan-kou ne peignait pas que des tigres avec un sûr talent d'animalier. En haut à droite, se trouve la signature : Outa-no-souké Gan-kou. Au-dessous, deux petits cachets rouges portent, le supérieur : Gan-kou; l'inférieur : Tën-kaï-koutsou (ou Ten-kaï-wo).

Kakémono sur soie. Haut. : 0m965; larg. : 0m42.

de l'obtenir, Gan-kou fut d'abord nommé " Tono-mo daï-sa-kwan ". C'était le titre d'un fonctionnaire du palais, appartenant au bureau qui réglait les fournitures du bain et de diverses matières, telles que l'huile, la chandelle, &c. Il fut donc nommé " Etchi-ȝën no souké ", c'est-à-dire secrétaire général de la province de Etchi-ȝën. Dans la 7e année de Tën-po (1836), il fut nommé " Kourando-tokoro Shiou ", l'un des chambellans de l'Empereur, et bientôt après promu au " djou-go-i-ghé " (14e rang).

(1) Un grand nombre de faussaires cherchèrent à profiter, dès le moment qu'elle commença, de la vogue attachée aux tigres de Gan-kou. On trouve fréquemment sa signature imitée sur des peintures représentant pitoyablement ces superbes félins.

KAI-HOKOU YOU-SHO

N° 135

GAN-KOU

N° 127

KA-NO YASOU-NOBOU

N° 30

KA-NO MOTO-NOBOU (Attribué à)

N° 15

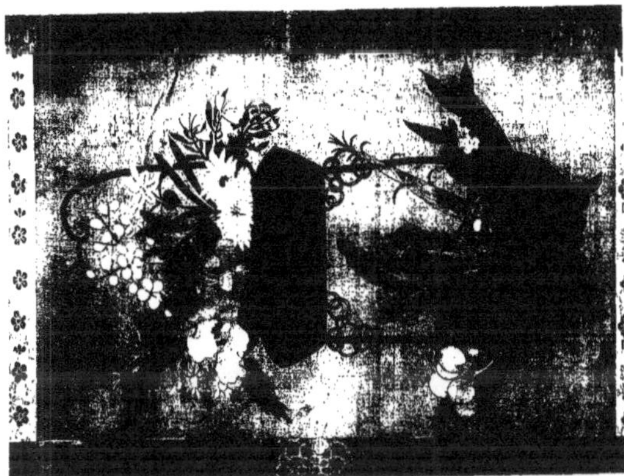

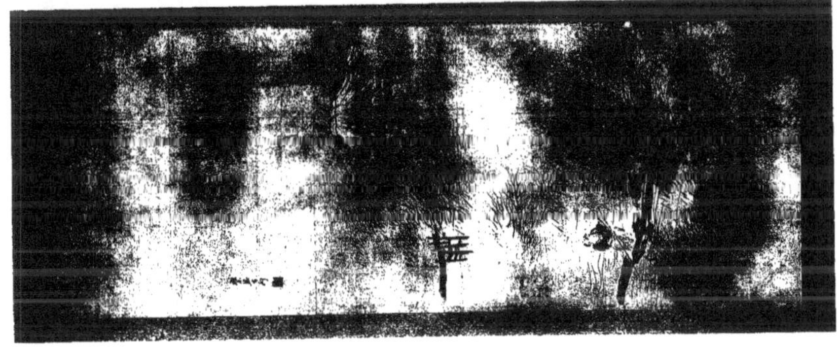

TANI BOUN-TCHO

1764-1842

Fils de Tani Rok-kokou[1], cet artiste se nomma d'abord Boun-go. puis Boun-go-rô. Il prit ensuite le surnom de Boun-tcho; changea plus tard le caractère "tcho", qui forme la seconde partie de ce surnom, et le remplaça par un autre caractère dont la prononciation est identique[2] En peinture, il eut pour premier maître Ka-to Boun-reï[3] et vers le milieu de sa vie, il étudia la manière de Kita-yama Kan-ghën[4], mais il s'efforça surtout de suivre l' "idée de pinceau" de ses deux illustres devanciers : So Ses-shiou[5] et Ka-no Tan-niou[6]. Enfin, il fonda lui-même une école particulière. Devenu peintre de la famille To-kou-gava, il mérita par son talent le titre de "ho-ghën". La réputation de l'artiste ne fit que grandir depuis lors. Boun-tcho, qui excellait dans les peintures exécutées à l'encre légère, traitait avec une égale habileté les personnages, les paysages, les fleurs, les oiseaux et les insectes. Il avait 78 ans, lorsqu'il mourut, à Yé-do, le 14e jour du 12e mois de la 12e année de Tën-po (janvier 1842).

149. **Tani Boun-tcho.** Peinte avec une grande finesse et en des tonalités exquises, qui font penser un peu au décor d'un beau laque du dix-huitième siècle, ce charmant petit tableau représente un paysage des côtes chinoises. En haut, à droite, une inscription donne la date de son exécution et la signature de l'auteur. On y lit : « Peint « par Boun-tcho, le 4e mois de la 9e année de Boun-ka (mai 1812) ». Au-dessous, un petit cachet rouge carré porte : Tani Boun-tcho.

Kakémono sur soie. Larg. : 0m41; haut. : 0m37. Monture vieilles soieries.

150. **Tani Boun-tcho.** (Attribué à). D'une facture un peu chinoise, mais avec une perspective admirablement rendue, ce panneau nous présente les huit vues célèbres de la province de O-mi. Cette peinture, très harmonieuse de coloris, donne bien la mesure du talent de Tani Boun-tcho, maître paysagiste excellent et précurseur de l'illustre Hiro-shighé, dont les estampes ont bien souvent reproduit ces mêmes sites.

Peinture sur soie. Larg. : 1m71; haut. : 0m65. Encadrement or et vieille soierie.

151. **Tani Boun-tcho.** Le tronc et quelques branches d'un cerisier en fleurs décorent adroitement cet éventail en couleurs sur papier, qui porte un cachet rouge rectangulaire, sur lequel on lit : Boun-tcho.

(1) TANI ROKOU-KOKOU (prononcez Rok-kokou), surnommé Boun-jiou-rô, peintre de Yé-do. Il mourut dans le 9e mois de la 6e année de Boun-ka (octobre 1809).

(2) Il porta encore d'autres surnoms, parmi lesquels : Sha-[illegible] Gwa-gakou-saï, &c.

(3) Taï-tc était le nom personnel de cet artiste, dont le surnom était Yo-saï. En peinture, il suivit le principe de Ka-no. Ka-to Boun-reï est mort le 5e jour du 3e mois de la 2e année de Tën-meï (avril 1782) à l'âge de 77 ans.

(4) On ne sait pas grand'chose de ce peintre, qui mourut le 1er mois de la [illegible] année de [illegible] (février 18[illegible]).

(5) Voir la biographie de cet artiste, page 5.

(6) Voir, page 12, la biographie de Tan-niou.

TANI BOUN-TCHO

1764-1842

Fils de Tani Rok-kokou (1), cet artiste se nomma d'abord Boun-go, puis Boun-go-rô. Il prit ensuite le surnom de Boun-tcho; changea plus tard le caractère "tcho", qui forme la seconde partie de ce surnom, et le remplaça par un autre caractère dont la prononciation est identique (2) En peinture, il eut pour premier maître Ka-to Boun-reï (3) et vers le milieu de sa vie, il étudia la manière de Kita-yama Kan-ghën (4), mais il s'efforça surtout de suivre l' "idée de pinceau" de ses deux illustres devanciers : So Ses-shiou (5) et Ka-no Tan-niou (6). Enfin, il fonda lui-même une école particulière. Devenu peintre de la famille To-kou-gava, il mérita par son talent le titre de "ho-ghën". La réputation de l'artiste ne fit que grandir depuis lors. Boun-tcho, qui excellait dans les peintures exécutées à l'encre légère, traitait avec une égale habileté les personnages, les paysages, les fleurs, les oiseaux et les insectes. Il avait 78 ans, lorsqu'il mourut, à Yé-do, le 14e jour du 12e mois de la 12e année de Tën-po (janvier 1842).

149. **Tani Boun-tcho.** Peinte avec une grande finesse et en des tonalités exquises, qui font penser un peu au décor d'un beau laque du dix-huitième siècle, ce charmant petit tableau représente un paysage des côtes chinoises. En haut, à droite, une inscription donne la date de son exécution et la signature de l'auteur. On y lit : « Peint par Boun-tcho, le 4e mois de la 9e année de Boun-ka (mai 1812) ». Au-dessous, un petit cachet rouge carré porte : Tani Boun-tcho.

Kakémono sur soie. Larg. : 0m41 ; haut. : 0m37. Monture vieilles soieries.

150. **Tani Boun-tcho.** (Attribué à). D'une facture un peu chinoise, mais avec une perspective admirablement rendue, ce panneau nous présente les huit vues célèbres de la province de O-mi. Cette peinture, très harmonieuse de coloris, donne bien la mesure du talent de Tani Boun-tcho, maître paysagiste excellent et précurseur de l'illustre Hiro-shighé, dont les estampes ont bien souvent reproduit ces mêmes sites.

Peinture sur soie. Larg. : 1m71 ; haut. : 0m65. Encadrement or et vieille soierie.

151. **Tani Boun-tcho.** Le tronc et quelques branches d'un cerisier en fleurs décorent adroitement cet éventail en couleurs sur papier, qui porte un cachet rouge rectangulaire, sur lequel on lit : Boun-tcho.

(1) TANI ROKOU-KOKOU (prononcez Rok-kokou), surnommé Boun-jiou-rô, peintre de Yé-do. Il mourut dans le 9e mois de la 6e année de Boun-ka (octobre 1809).

(2) Il porta encore d'autres surnoms, parmi lesquels : [illegible], Gwa gakou-saï, etc.

(3) Taï-to était le nom personnel de cet artiste, dont le surnom était Yo-saï. En peinture, il suivit le principe de Ka-no. Ka-to Boun-reï est mort le 5e jour du 3e mois de la 2e année de Tën-meï (avril 1782) à l'âge de 77 ans.

(4) On ne sait pas grand'chose de ce peintre, qui mourut le 1er mois de la 12e année de Kwan-seï (février 1800).

(5) Voir la biographie de cet artiste, page 3.

(6) Voir, page 12, la biographie de Tan-niou.

OKA-DA KAN-RÏN

1812-1887

Ce peintre, habitant de Yé-do, se nommait Bou-ko de son nom personnel; il porta les surnoms de Shi-bo, de Kan-rïn, etc., et fut l'élève de Tani Boun-tcho[1]. Artiste de talent, Kan-rïn peignait fort bien les fleurs et les oiseaux. Il est mort durant la 20e année de Meï-dji (1887), à l'âge de 75 ans.

152. — **Oka-da Kan-rïn.** — Un moineau se dirige vers des pivoines, aux fleurs largement épanouies, poussées dans les anfractuosités d'un rocher. Signé en bas, à droite : Kan-rïn. Au-dessous, un cachet rouge porte : Oka-da Kan-rïn.

Kakémono sur papier. — Haut. : 1m345; larg. : 0m52. — Monture en vieilles soies.

153. — **Oka-da Kan-rïn** — Cette peinture (formant paire avec la précédente) nous montre un plant de chrysanthèmes aux fleurs jaunes et une haute graminée, au-dessus de laquelle vole un oiseau. Signé : Kan-rïn, en bas à droite, au-dessus d'un cachet rouge portant : Oka-da Kan-rïn.

Kakémono sur papier. Dimensions égales et monture semblable à celles du numéro précédent.

SETSOU-AN

1809-1889

YOSHI-ZAWA SETSOU-AN[2], élève de To-zaka Boun-yo[3], peignit habilement les paysages, les fleurs et les oiseaux. Setsou-an qui habitait Yé-do est mort dans la 22e année de Meï-dji (1889), à l'âge de 80 ans.

154. — **Setsou-an.** — Largement exécutée, cette peinture représente un arbre complètement dépouillé, sur lequel est perché un hibou vu de dos. Signé en bas, à droite : Setsou-an. Au-dessous, un cachet rouge carré porte : Boun-ko (?)

Kakémono sur papier. — Haut. : 0m98; larg. : 0m30. — Monture en vieilles soies.

(1) Voir la biographie de cet artiste, page 55. Suivant une autre opinion, Kan-rïn aurait eu pour premier maître un peintre nommé Tchïn-tchïn-zan (ou Tchïn-zan) qui, après avoir joui de quelque réputation, mourut dans la 1re année de An-seï (1854) à l'âge de 54 ans.

(2) On dit qu'il porta aussi les surnoms de Sho-zo Ka-rô et de Boun-ko (ce dernier rappelle, par son premier caractère, le nom de son maître Boun-yo).

(3) TO-ZAKA BOUN-YO, peintre de Ye-do, apprit la peinture chez Tani Boun-tcho. Il était fort habile à représenter les personnages, les fleurs et les oiseaux; Boun-yo est mort le 7e mois de la 5e année de Ka-yeï (août 1852), à l'âge de 70 ans.

N° 158

OKA-DA KAN-RIN

N° 152

O-GATA KO-RIN

N° 95

OKA-DA KAN-RIN

N° 153

MI-TANI YEI-KO

N° 140

SOUI-RAN

XIXe Siècle

Ses surnoms étaient Ko-yama et Raï-souké. Tout ce que l'on sait de lui, c'est qu'il habitait Yé-do et florissait dans les années de Ka-yeï (1848-1853).

155. **Soui-ran.** Éventail sur papier décoré de haghi, de volubilis et de fleurettes jaunes, d'un arrangement très heureux. Peinture en couleurs signée à gauche : Souï-saï, près de deux cachets qui portent Souï-ran.

156. **Soui-ran.** Les trois végétaux porte-veine : "matsou", "také" et "oumé" (pin, bambou et prunier — en fleur —). Éventail en couleurs sur papier signé à gauche : Souï-saï, au-dessus d'un petit cachet rouge.

157. **Inconnu.** Un Sén-nïn, la tête tournée à gauche, marche appuyé sur son bâton (1).
Encre sur papier mesurant. Haut. : 0m555; larg. : 0m295.

158. **Inconnu.** Un érable aux feuilles rougies par l'automne porte suspendu un "outa" vert et or. En bas, à gauche, sur le cachet inférieur, on pourrait lire : Tchiou-tcho no ïn (?).
Paravent de deux feuilles sur papier. Haut. totale : 1m82; larg. : 0m58. Monture en vieilles soies.

159. **Inconnu.** Un faucon blanc, perché sur le tronc d'un pin tourmenté, se prépare à fondre vers le sol. Un cachet rouge carré, placé en bas à droite, porte : Shokou Ta-goutchi Ho-ghën (?).
Kakémono sur papier, monté en vieilles soies. Haut. : 0m78; larg. : 0m27.

160. **Inconnu.** Un bonze (?) assis regarde une crevette qu'il tient dans sa main droite.
Kakémono à l'encre sur papier. Haut. : 0m875; larg. : 0m195. Monture en vieilles soies.

161. **Inconnu.** Un Hollandais vient d'ouvrir largement le corps d'une jeune femme par une incision allant du sommet du sternum à la symphyse pubienne. Il tient à la main un petit vase destiné sans doute à contenir un peu de sang du sujet (2). Le dessin de cette singulière composition n'est point sans beauté, malgré l'anatomie ultra-fantaisiste qui apparaît dans les cavités thoracique et abdominale. Quant à la couleur, elle est d'une richesse, d'une puissance et d'une harmonie merveilleuses. L'artiste a d'ailleurs mis quelque pudeur, quelque élégance dégoûtée dans la conception et l'exécution de cette étrange peinture. On n'aperçoit de sang nulle part, pas même sur le couteau qui vient de servir à pratiquer une laparotomie si étendue.
Peinture en couleur sur papier. Haut. : 0m57; larg. : 0m395.

162. **Inconnu.** Sur un papier criblé de paillettes d'argent que le temps a noircies, sont disposés cinq "mon" fleuris. Éventail en couleurs sur papier.

162 bis. **Inconnu.** Six petites peintures sur papier, à l'aquarelle gouachée, représentant des chrysanthèmes variés. (Haut. : 0m175; larg. : 0m18).

(1) Cette peinture puissante est retouchée au pied droit et à la main gauche.
(2) En réalité, dans l'intention de l'artiste, il s'agit ici d'un crime. Les Japonais, qui traitaient et traitent encore avec mépris de "ya-ghi" (chèvres) les femmes de leur pays sensibles à la passion des Européens, faisaient volontiers circuler des fables destinées à éloigner celles-là de ceux-ci. Ils racontaient — par la peinture même au besoin, comme dans le cas présent — que les Européens tuaient les femmes qu'ils pouvaient tenir loin de tout secours et recueillaient leur sang pour l'employer à de magiques opérations.

IWA-SA MATA-BÈ-É

Né en 1577
Mort entre 1624 et 1643

Né dans la province de Etchi-ʒën, il appartenait à la branche Ara-ki, de la famille Foudji-hara [1], et s'appelait personnellement Katsou-shighé. Son père, Ara-ki Moura-shighé, accomplit, au service de O-da Nobou-naga [2], un exploit militaire, qui lui fit donner par son maître le gouvernement de la province de Set-tsou; mais plus tard, dans la 7e année de Tën-sho (1579), ayant désobéi au Dictateur, il fut contraint de se suicider [3]. Mata-bè-é avait à peine deux ans alors; il étreignit tout apeuré le cou de sa nourrice, qui l'emporta dans un petit temple dépendant de celui de Hon-gwan ji [4], où elle le tint caché. L'enfant fut, par la suite, élevé dans la province de Etchi-ʒën, au sein de sa famille maternelle, dont, depuis lors, il porta le nom de Iwa-sa. Quand il eut atteint l'âge d'homme, il entra au service de O-da Nobou-wo [5]. Certains veulent qu'il ait, dès ce temps-là, étudié la peinture sous la direction de Shighé-sato, vassal de la maison de son père [6]. Dans les années de Keï-tcho (1596-1614), il revint à Kyo-to et entra chez To-sa Mitsou-nori [7], dans l'atelier de qui il s'initia aux principes de la "peinture nationale" [8], étudiant particulièrement la manière de To-sa Mitsou-nobou [9]. Mais, pour un motif qu'on ignore, il fut un jour renié par son maître [10]. Mata-bè-é se fit alors "ro-nïn" et vécut exclusivement du produit de son pinceau [11]. On a dit qu'il avait reçu des leçons de Mitsou-shighé [12]; mais c'est là une erreur évidente, puisque Mata-bè-é est mort durant le "nën-go" Kwan-yeï (1624-1643). Plus tard, il fonda une école particulière et prit le nom de To-sa Mitsou-souké [13]. Nous savons qu'il a porté

(1) Dans l'appendice des quatre saisons illustrées de It-tcho, il est dit que Mata-bè-é naquit dans la province de Etchi-ʒën; nous pensons que cela est exact et qu'il y fut élevé jusqu'à l'âge d'homme. Le Livre C dit : « Certains pourtant le font naître dans la province de Set-tsou; mais malgré le crédit qu'a pu obtenir cette opinion nous persistons à donner la province de Etchi-ʒën comme lieu de sa naissance. » Pour ce qui est de son nom de famille, nous ne croyons pas que personne le connaisse avec certitude.

(2) Célèbre dictateur japonais de la seconde moitié du XVIe siècle.

(3) Autrefois tous les Japonais qui avaient droit au port de deux sabres, depuis le plus puissant "daï-mio" jusqu'au plus humble "samouraï", jouissaient du privilège de faire le "hara-kiri" (m. à m. : ventre coupé), lorsqu'ils étaient condamnés à mort.

(4) A Kyo-to.

(5) Fils de O-da Nobou-naga.

(6) KA-NO SHIGHÉ-SATO, fils de Tchi-yeï Shighé-moto et vassal de Ara-ki Moura-Shighé, prit d'abord le surnom de Kiou-ʒo. Plus tard, ayant étudié sous Ka-no Sho-yeï, il reçut, comme nom de famille, Ka-no Naï-ʒën et se surnomma Itchi-wo. Il mourut le 4e mois de l'an II de Ghën-wa (mai 1616), dans sa 47e année. La tradition (recueillie par le livre C), qui fait de Shighé-sato le premier maître de Mata-bè-é, est grandement intéressante. Elle nous donne à penser que celui-ci a pu subir l'influence de l'école de Ka-no. Cependant le même livre dit encore plus loin : « Ses peintures nous permettent de reconnaître que c'était un artiste de la maison de To-sa. »

(7) TO-SA MITSOU-NORI, arrière-petit-fils de To-sa Mitsou-nobou et fils de To-sa Mitsou-yoshi, mourut le 4e mois de la 15e année de Kwan-yeï (mai 1638). Il eut pour fils To-sa Mitsou-ôki.

(8) La "peinture nationale" (Yama-to-yé) est la mère de la peinture vulgaire ("Ouki-yo-é") qui peut être considérée comme sa fille naturelle non reconnue. Le Yama-to-yé a pour origine, suivant l'expression même de Hanabousa It-tcho, le pinceau fantaisiste de To-sa Mitsou-nobou.

(9) Voir la notice sur cet artiste, page 9, note 6.

(10) Le reniement d'un élève par son maître, professeur dans une école officielle, était une véritable excommunication. Celui qui en avait été l'objet n'était même plus considéré comme ayant fait partie de l'école.

(11) Le "ro-nin" était un "samouraï" (serviteur héréditaire d'un seigneur) qui, pour une raison quelconque, avait quitté son maître. Il devait donc, au lieu d'être nourri, pourvoir seul à sa nourriture.

(12) Ce peintre florissait dans les années de Meï-tokou (1390-1393).

(13) On compte, parmi les élèves de Mitsou-nori, un Mitsou-souké, qui vivait dans les années de Kwan-yeï (1624-1643). On dit aussi que Matabè-é aurait pris le nom de Mitsou-souké du temps qu'il étudiait chez Mitsou-nori.

IXA SA MATA BÉÉ ([illegible])

N° 16.

aussi celui de To-sa Mata-bè-é. Dans le monde, on l'appelait Ouki-yo Mata-bè-é (m. à m. : Mata-bè-é le vulgaire), parce qu'il représentait très bien les coutumes populaires de son époque. D'aucuns veulent qu'il ait été aussi l'inventeur du genre fantaisiste nommé "O-tsou-yé" (1). En tous cas, nous pensons qu'il doit être considéré comme le père de la "peinture vulgaire" de l' "Ouki-yo-é" (2). Il aimait, en effet, à peindre les mœurs de son temps, les scènes de plaisir surtout, les jolies femmes, les courtisanes, les danseuses et les chanteuses, tous les personnages vulgaires enfin, qu'il rendait avec un grand talent. La touche de Mata-bè-é est délicate et son style naturel. Son coloris magnifique est souvent rendu plus splendide encore par un mélange d'or et d'encre de Chine (3). Tout ce qu'il a peint, fleurs, oiseaux, personnages, est d'une couleur, d'un dessin admirables et d'une remarquable originalité. Mata-bè-é ne cherchait pas la notoriété; il ne tirait jamais vanité de ses œuvres, bien qu'il dessinât très habilement. Il acceptait n'importe quel travail et fut même "matchi yé-shi (m. à m. : peintre de rue (4)). Il ne ressemblait guère aux artistes incapables de nos jours, à ces peintres maladroits, dont le seul mérite consiste à posséder un cachet magnifique. Mata-bè-é n'était pas de ces gens-là; aussi obtint-il une grande vogue de son temps. Néanmoins, à cause de cette excommunication de To-sa, cette école, maintenant encore, refuse d'expertiser ses peintures et de leur faire l'honneur de la "lettre certificat"; elle ne leur accorde que la "lettre secondaire" (5). Quelque nombreux que nous demeurent les souvenirs de cet artiste, certaines gens nient pourtant qu'il ait jamais existé un peintre portant le nom de Mata-bè-é; mais les œuvres originales de ce maître, conservées chez les amateurs, prouvent suffisamment son existence. D'autres le nomment Mata-heï; c'est là une erreur. Dans son catalogue d'archéologie, To-teï-kën mentionne un petit ouvrage conservé au bureau des archives des peintres du Japon, dans lequel le nom du peintre est écrit Mata-bè-é et non Mata-heï. Parmi les peintures de cet artiste que l'on peut encore admirer aujourd'hui, nous citerons un paravent représentant des "coutumes des jeunes gens", des paravents et des "maki-mono" décorés de "distractions du printemps et de l'automne", un dessin montrant les "amusements secrets d'une soirée de printemps" (6), etc. Les œuvres de Mata-bè-é qui portent sa signature ou son cachet sont extrêmement rares. On trouve pourtant quelquefois un cachet à l'encre noire, dont les caractères sont douteux, sur les représentations de femmes galantes, qu'il exécutait et vendait pour gagner sa vie. Mata-bè-é mourut dans les années de Kwan-yeï (1624-1643).

(1) C'est à tort, croyons-nous, que l'on attribue à Mata-bè-é ce genre de dessin. Il est à peu près certain qu'on doit en accorder la paternité à Mata-heï (voir la biographie de cet artiste, page 61, et les reproductions des trois peintures qui lui sont attribuées). Mata-heï aurait donné le nom de son pays à cette sorte de peinture (O-tsou yé, dessin de O-tsou). L'opinion, rapportée ici par le livre C, est une preuve de plus de la confusion trop fréquente que les Japonais ont faite entre les deux artistes.

(2) Le livre C, qui émet cette opinion, contient une note restrictive ainsi conçue : « L'école de To-sa appelait "sujets de la rue" : les représentations de scènes populaires et celles de la "fête de la floraison". Elle avait aussi des noms particuliers pour désigner la peinture des gens de guerre, des artisans, etc. Il faut donc que Mata-bè-é n'ait pas été seul dans l'école de To-sa, à traiter de pareils sujets.

(3) Ce mélange d'encre de Chine et d'or, auquel les Japonais ont donné le nom si expressif et si heureux de "boue d'or", est une des caractéristiques qui peuvent aider des experts à reconnaître des peintures comme étant de Mata-bè-é.

(4) Les "matchi-yé-shi" étaient des peintres populaires errants, sortes de bohèmes assez semblables, toute proportion gardée (car il en a existé jadis au Japon d'un grand talent), à ceux que nous voyons chez nous, dans les établissements publics, offrant aux gens de faire leur portrait sur l'heure pour une faible rétribution.

(5) La "lettre certificat" est un authentique; la "lettre secondaire" est un renseignement qui n'a aucune valeur officielle.

(6) Le livre B, qui donne ces renseignements touchant les œuvres du maître, ajoute ici en note : « Ce dessin, bien qu'appartenant au genre "Shoun-gwa" (m. à m. : dessin de printemps. — dessin érotique —), ne dépasse pas les bornes de la licence ».

163. Iwa-sa Mata-bè-é. (Attribué à). (Nous décrivons sous ce numéro deux paravents qui, mis bout à bout, ne forment qu'une seule et unique composition et ne peuvent donc pas être séparés.) Cette œuvre, splendide par la richesse des matières employées aussi bien que par la beauté du style, donne au premier regard l'impression d'une fresque byzantine. Qu'on s'imagine, sur un fond d'or d'une tonalité sourde, de larges et puissants nuages roulant des parcelles d'un autre or plus brillant, dominés par un Fouji-yama majestueux et une chaîne de montagnes, où tous les verts sombres, où tous les bruns calcinés jouent parmi les volutes d'or. En bas, dans la vallée où coule une rivière d'un admirable ton bleu-gris sourd, passe le cortège d'un "daï-mio". La majeure partie de ce cortège a déjà traversé la rivière et s'avance parmi les maisons (de la petite ville de Mi-ho, sans doute), sous les regards curieux des habitants accourus vers le temple Seï-kën-ji, dont les toits contournés s'étagent non loin de là. Des cavaliers aux riches costumes caracolent, précédant les hommes d'armes et les porteurs. Sur l'autre rive, tout un groupe attend son tour; car le bateau du passeur est encore chargé de monde. Quelques bateliers, un instant arrêtés, reprennent leurs avirons et continuent de descendre la rivière. Aucune description ne saurait rendre la vie de ce délicieux tableau, ni dire la noblesse du dessin et la beauté de matière de la peinture très fortement gouachée. Bien que traitée comme une miniature, elle reste de par son haut style du plus grand et du plus noble caractère. Le grouillement de la foule, l'exquise pondération des groupes, ces tons délicats et précieux comme ceux d'un laque de Coromandel, sous les poudroiements d'or superposés de la masse énorme des nuages, font de cette œuvre une des plus belles et des plus typiques parmi celles que le grand art japonais nous a révélées. Nous avons cru bon de donner deux reproductions de ces paravents; l'une d'ensemble, l'autre fragmentaire et sans réduction, afin que l'on puisse se mieux rendre compte des qualités merveilleuses de cette œuvre unique en son genre.

Chacun de ces paravents, peint sur papier et monté en vieilles soieries, mesure. Largeur totale : 1m80; haut.: 1m70.

MATA-HEÏ (1)

XVIIe et XVIIIe Siècles

Son nom personnel était Kiou-kitchi. Il était de O-tsou, dans la province de Ko-shiou; ce qui l'a fait surnommer vulgairement O-tsou Mata-heï. On a dit à tort qu'il était le fils de Mata-bè-é Katsou-shighé. Ce qui est vrai, c'est qu'il a fait de la peinture vulgaire, selon la manière de ce maître. Dans les années de Ghën-rokou il a peint des sujets bouddhiques. Lorsqu'il habitait O-tsou, il exécutait des dessins qu'il vendait aux voyageurs, persuadés d'emporter ainsi des porte-bonheur. Les sujets de ces dessins étaient habituellement : "Oni nën boutsou" (le diable en prière – sujet d'une vieille danse burlesque –), le serviteur porte-lance et la jeune fille nommée Fouji. C'est bien le premier auteur des dessins fantaisistes connus sous le nom de Otsou-yé. Mata-heï est mort dans les années de Kyo-ho (1716-1735), à l'âge de 89 ans.

164. Mata-heï. (Attribué à). Un diable grimaçant, cornu et les cheveux hérissés, "Oni nën boutsou", porte sur le dos un parapluie et sur la poitrine un tam tam, dont il tient le marteau de la main droite. — Otsou-yé mesurant, ainsi que les deux suivants : Haut: 0m615; larg: 0m23.

165. Mata-heï. (Attribué à). Bën-kei, le bonze guerrier gigantesque, que les légendes donnent pour écuyer à Yoshi-tsouné après que celui-ci l'eut vaincu, s'avance fièrement chargé de l'arsenal belliqueux dont il ne se sépare jamais.

166. Mata-heï. (Attribué à). Un jeune homme vient de déchaperonner son faucon.

(1) Bien qu'il eût été peut-être plus logique de classer Mata-heï parmi les indépendants, nous avons cru devoir le mettre ici, immédiatement après Mata-bè-é, dont il semble avoir subi fortement l'influence, disent les auteurs japonais.

IWA-SA MATA-BÉ-É (Attribué à)

N° [illegible]

IWA-SA MATA-BÈ-É (Attribué à)

N° 263

ÉCOLE DE HISHI-KAVA.

OKOU-MOURA MASA-NOBOU

Première moitié du XVIIIe Siècle

OKOU-MOURA MASA-NOBOU a porté les noms vulgaires de Hon-nya (1) Ghën-rokou (ou Ghën-patchi) et les surnoms de Shi-do-kën, Ho-ghetsou-do, Tan-tcho-saï, Boun-kakou, Kwan-myo (2). Il habitait Yé-do et y exerçait l'état de libraire. Son premier maître en peinture avait été Tori-i Kyo-nobou (3). Plus tard, il fonda une école remarquable autant par la délicatesse de sa manière que par la somptuosité de son coloris. Il devint un des maîtres de l'Ouki-yo-é et fut même le plus distingué des "peintres vulgaires". Dans sa signature, il prit la qualification de "peintre japonais" et se servit d'un cachet rouge en forme de gourde. Ses dessins, toujours d'une habileté d'exécution merveilleuse, ont joui de la plus haute estime. Parmi les estampes qu'il a publiées, on cite des "béni-yé" (m. à m. : carmin-dessin), genre tout nouvellement mis à la mode alors, et une composition représentant "les distractions secrètes d'une soirée de printemps". Il peignit aussi une figure de Shoki et lui mit de l'or en feuille dans les yeux (4). On connaît, en outre, de Okou-moura un grand nombre d'estampes laquées (5) et des livres illustrés pour les enfants. Il a beaucoup dessiné pour la gravure d'ailleurs. On a de lui des vues d'endroits célèbres et aussi une composition, dont le sujet est la fameuse chasse du mont Fouji, au temps du "Sho-goun" Yori-Tomo, épisode bien connu d'une pièce de théâtre intitulé : "So-ga jiou ban ghiri". Dans ces dernières œuvres, on peut voir que l'artiste a bien rendu la perspective. Okou-moura a dessiné le portrait de Fouka-i, Shi-do-kën, pendant une conférence faite par celui-ci dans un établissement public compris dans l'enceinte du temple de Asa-kousa à Yé-do. Dans ce portrait, le maître a fait preuve d'un grand talent, dit-on (6). Vers cette époque, parurent de lui de nombreuses estampes, par séries de trois, coloriées seulement en vert jaunâtre et carmin. On sait que Okou-moura Masa-nobou vivait dans les années de Kyo-ho (1716-1735).

167. **Okou-moura Masa-nobou.** (Attribué à). Ce panneau nous montre une jeune courtisane, vêtue d'un élégant "kimono", décoré d'un prunier fleuri détaché en blanc sur un fond rouge vif. Ce vêtement,

(1) "Hon-nya" signifie m. à m. : boutique de livres. Ce fut évidemment l'état de libraire exercé par l'artiste qui lui valut ce surnom vulgaire. Nous possédons un livre illustré par Kon-do Kyo-harou et publié chez Masa-nobou qui, comme éditeur prend le nom de Okou-moura Ghën-rokou.

(2) Nous savons qu'il porta dans sa vieillesse le surnom de Baï-wo (prunier vieillard).

(3) Voir la biographie de Kyo-nobou.

(4) On appelait cette sorte de peinture : "Ouki-yé" (vivante peinture) ; elle prétendait à un rendu plus juste du mouvement, de la vie. Ce terme fut, par la suite, appliqué à toutes les œuvres qui donnaient plus exactement l'impression de la nature.

(5) En japonais : "ouroushi-yé" (laque-dessin). C'étaient des estampes imprimées, tantôt partiellement, tantôt entièrement (trait compris), avec des couleurs dissoutes dans du laque.

(6) Plus heureux que l'auteur du livre C, nous possédons un exemplaire du portrait de Shi-do-kën, que nous reproduisons. On peut voir que la réputation acquise à cette œuvre du maître n'est nullement exagérée. A gauche du personnage, la signature de l'artiste est libellée : Ho-ghetsou-do Okou-moura Boun-kakou Masa-nobou. Un cachet, en forme de gourde, porte : Tan-tcho-saï.

tenu par une ceinture noire nouée sur le devant, est recouvert, comme d'un manteau, d'un autre "kimono" mi-parti de blanc et de brun. Une "kamouro" (petite servante) la suit, portant à la main un nécessaire de fumeur.

Ce panneau, ainsi que les cinq suivants, peint sur papier, est monté en vieilles soies et mesure : Haut. : 1m25 ; larg. : 0m46.

168. **Okou-moura Masa-nobou.** (Attribué à). Une gracieuse jeune femme se promène, drapée dans un ample costume verdâtre décoré de hérons blancs. De la droite elle tient un éventail, tandis qu'elle relève sa robe d'un geste charmant de la main gauche. Elle est habillée en dessous de deux autres "kimono", l'un blanc, l'autre rouge vif. Tous ces vêtements sont contenus par une ceinture de crépon jaune nouée négligemment.

169. **Okou-moura Masa-nobou.** (Attribué à). Une jeune femme, de bonne mine, à la coiffure élégante retenue par un peigne d'ivoire laqué d'or et deux épingles, s'avance vers la droite. Elle est vêtue de trois "kimono", sur lesquels est nouée par devant une ceinture d'un brun violet rehaussé d'or. Le plus intime de ces "kimono" est blanc, l'intermédiaire jonquille ; le superficiel, bleu pâle d'une nuance charmante, du col aux genoux, vert intense le long des jambes, est décoré, dans sa partie moyenne, de crosses de fougères nombreuses d'un bleu lapis.

170. **Okou-moura Masa-nobou.** (Attribué à). Cette jeune femme se dirige vers la gauche d'une démarche un peu nonchalante. Elle porte dans sa coiffure un peigne d'écaille laqué d'or et deux épingles d'une élégante simplicité ; elle aussi est vêtue de trois "kimono" tenus en place par une ceinture verte à raies noires qui lui pend jusqu'aux genoux. Sous la première robe, rouge à fleurettes sur les épaules, la poitrine et l'extrémité des manches, noire des coudes aux poignets et de la poitrine aux pieds, on en aperçoit une seconde blanche et une troisième rouge pointillée de blanc.

171. **Okou-moura Masa-nobou.** (Attribué à). Nous voyons ici deux jeunes acteurs en costumes féminins. L'un porte une ceinture rouge sur un "kimono" gris presque blanc, l'autre une robe jaune clair doublée de rouge et attachée par une ceinture verte aux dessins d'or. Dans leurs coiffures sont des peignes dorés. Ces deux jeunes gens figurent des "ghé-sha" et font, en dansant, des gestes avec les mains.

172. **Okou-moura Masa-nobou.** (Attribué à). Voici encore une jeune femme de belle santé et de gracieuse allure, à la coiffure tout simplement ornée d'un peigne d'écaille et d'une épingle noire. Sur ses deux "kimono" (blanc et rouge vif), ajustés par une ceinture bleu ardoise, au nœud antérieur, elle en a jeté un troisième d'un vert réséda passé semé de feuilles de bambou noir et or, dont la doublure est blanche et la bordure noire à l'intérieur des larges manches. Elle marche vers la droite, en relevant sa robe de dessus d'un gentil mouvement.

HOSO-DA YEÏ-SHI

XVIIIe et XIXe Siècle

Yei-shi appartenait à l'illustre famille Hoso-da, branche des Foudji-hara. Il porta les noms personnels de Tomi-ji, Tomi-ji-bou-kyo et Toki-tomi, le nom vulgaire de Mago-zabou-rô et le surnom de Tcho-boun-saï. Son grand-père Hoso-da avait le titre de "Tan-ba no Kami" (gouverneur de la province de Tan-ba) et était intendant en chef du gouvernement "shogounal". Après avoir reçu des leçons de Ka-no Yeï-sën(1), qui fut son premier maître, il entra au service du "Sho-goun" Iyé-harou(2). Celui-ci

(1) Voir la biographie de ce peintre.

(2) Tokou-gava no Iyé-harou gouverna le Japon de 1762 à 1786.

OKOU-MOURA MASA-NOBOU
(Attribué à)

N° 168

OKOU-MOURA MASA-NOBOU
(Attribué à)

N° 167

OKOU-MOURA MASA-NOBOU
(Attribué à)

N° 172

OKOU-MOURA MASA-NOBOU
(Attribué à)

N° 169

OKOU-MOURA MASA-NOBOU
(Attribué à)

N° 171

OKOU-MOURA MASA-NOBOU
(Attribué à)

N° 170

le fit "Ko-nan-do"[1], l'attacha au palais en qualité de peintre et lui donna le nom de Yeï-shi. Il demeura au service de Iyé-harou trois ans, au bout desquels une maladie le contraignit à se démettre de sa charge. C'était dans le " nën-go " Tën-meï (1781-1788). Depuis lors le maître s'adonna exclusivement à son art et ses dessins vulgaires furent très recherchés de ses contemporains. Du temps que Yeï-shi était au service du "Sho-goun", un envoyé de l'Empereur vint à Yé-do. L'artiste lui offrit une peinture représentant la Soumi-da[2], qui charma le souverain et fut placée par son ordre dans la collection impériale. Ce fut à la suite de cet événement que Yeï-shi se fit graver un cachet portant les caractères " tën " et " ran " (vu par l'Empereur); mais il n'en usa que rarement. Il était très goûté du public, qui appréciait non moins le caractère élevé de sa peinture que l'élégance et la délicatesse de sa manière. Il a exécuté des dessins représentant des coutumes vulgaires, durant les années de Tën-meï et de Kwan-seï (1781-1800). Nous savons cependant que, dans le dernier de ces "nën-go" (1789-1800), il cessa momentanément de peindre; mais nous ignorons pour quel motif. Les nombreuses estampes, dans lesquelles il représenta des femmes galantes, jouirent de la plus grande vogue. Yeï-shi, qui avait étudié la peinture vulgaire sous la direction de Boun-riou-saï[3], prisait fort la manière des Tori-i. Pour en témoigner hautement, il prit le premier caractère de Tori-i (" tori ", qui se prononce aussi "tcho"), auquel il ajouta le premier et le dernier caractère de Boun-riou-saï et se surnomma Tcho-boun-saï. Il voulut encore imiter Katsou-shika Hokou-saï[4] et peignit des courtisanes dans la manière de ce maître; mais sans grand succès, paraît-il. Il n'est pas rare de rencontrer des peintures de Yeï-shi accompagnées d'inscriptions élogieuses par Shokou San-jin[5]. On ignore la date de sa mort; on sait seulement qu'il florissait dans les années de Tën-mëi et de Kwan-seï (1781-1800).

172 bis. **Hoso-da Yeï-shi.** (Attribué à). Un jeune acteur en costume clair est allongé sur les " tatami " (6). En face de lui est assise une jolie " ghé-sha " vêtue de couleurs chatoyantes. Tenant tous deux un écheveau de fil, ils simulent avec une grâce charmante un jeu de force très goûté des Japonais.

Kakémono en couleur sur papier. Larg. : 0m45; haut. : 0m34. Monture en vieilles soies.

(1) La " Ko-nan-do " était une sorte de chambellan.

(2) La Soumi-da est le fleuve qui passe à Yé-do.

(3) BOUN-RIOU-SAI, élève de Tori-i Kyo-nobou, dit-on, vivait encore vers le " nëngo " Tën-meï (1781-1788). Nous pensons que c'est là une erreur: car Tori-i Kyo-nobou mourut en 1729. Ce fut plutôt d'un de ses descendants, peut-être de Kyo-naga, que Boun-riou-saï fut l'élève.

(4) Le fameux Hokou-saï a imité la plupart de ses prédécesseurs et de ses contemporains et a été imité à son tour par un grand nombre de ces derniers. (Voir l'article qui lui est consacré.)

(5) SHOKOU SAN-JIN est un poète renommé pour ses poésies légères.

(6) Nattes épaisses et serrées qui garnissent le plancher de tous les appartements japonais.

SHI-BA KO-KAN

1746-1818

SHI-BA KO-KAN avait pour nom personnel Shiou-gakou; il s'appela aussi Kimi-ôka et porta le surnom de Shioun-pa-rô. Certains auteurs lui donnent par erreur Ka-no Fourou-nobou (1) pour premier maître; mais d'autres, mieux informés, disent qu'il étudia d'abord sous la direction de Koï-gava Shoun-tcho (2), puis sous celles de Sô Shi-ʒan (3) et de Tani Boun-tcho (4). Plus tard, il entra comme élève cheʒ Souʒou-ki Harou-nobou et prit lui-même le surnom de Harou-nobou IIe. Enthousiasmé par la peinture à l'huile, qu'il parvint à manier avec la plus grande habileté, Shi-ba Ko-kan est considéré comme l'"ancêtre" de ce procédé dans son pays. Il faut dire que la peinture européenne était à peu près ignorée à cette époque des Japonais, qui, de toutes les connaissances occidentales apportées par les Hollandais résidant à Naga-ʒaki, commençaient seulement à apprendre un peu de chirurgie. Ko-kan se rendit dans ce port et seul y apprit la peinture des Européens. Il grava aussi des planches de cuivre et les épreuves qu'il obtint furent très estimées de ses contemporains. Il donna en taille-douce, pour la première fois, une représentation du groupe des corps célestes, une mappemonde et les huit points de vue célèbres de Yé-do. Ce fut donc bien lui qui ouvrit au Japon le chemin par lequel l'art européen y pénétra et s'y développa dans la suite. Parmi les ouvrages du maître, citons : Shioun--pa-ro gwa fou (Recueil de dessins de Shioun-pa-ro) et O-ran-da ki-ko (Merveilles hollandaises). Shi-ba Ko-kan est mort le 21e jour du 10e mois de la 1re année de Boun-seï (21 novembre 1818), à l'âge de 72 ans (5).

173. **Shi-ba Ko-kan.** Nous sommes dans un pays montagneux, boisé et très sauvage, borné à l'horiʒon par une chaîne asseʒ élevée. Au premier plan, un pan de terre défrichée est coupé par un chemin de culture. A droite, deux toits de chaume, adossés à un bouquet d'arbres, abritent une famille de paysans et le bétail. Cette peinture, qui montre une recherche d'assimilation des procédés européens, un peu aussi de la vision européenne, est très intéressante comme tout résultat d'une assimilation tentée par un artiste de goût et de savoir. Le dessin d'ailleurs est puissant, la couleur riche, le choix du site très heureux. Signé en bas, à droite, en caractères chinois : Ko-kan et, au-dessous, en caractères européens : S. Kokan. Un cachet rouge porte : Shi-ba Ko-kan, en chinois, et parmi les caractères de ce nom, les deux lettres européennes : S. K.

Panneau en couleurs sur papier. ▦. Haut. : 0m33; larg. : 1m72.

(1) KA-NO FOUROU-NOBOU, surnommé Yeï-sën, fils aîné de Ka-no Tchika-nobou, naquit en 1670 et mourut le 9e jour du 1er mois de la 16e année de Kyo-ho (février 1731). Il ne put donc être le maître de Shi-ba Ko-han, né seulement en 1746.

(2) KOI-GAVA SHOUN-TCHO, dont le vrai nom de famille était Koura--hashi, fut tout d'abord vassal du seigneur Matsou-daïra, gouverneur de la province de Tan-go. Il apprit la peinture cheʒ Tori-yama Séki-yën et devint un artiste habile. Il excellait surtout dans le genre " shoun-gwa ". Il est mort durant le 7e mois de la 1re année de Kwan-seï (août 1789), à l'âge de 46 ans.

(3) Sô Shi-ʒan, fils de Sô Shi-séki, vivait vers le " nën-go " Kwan-séi (1789-1800).

(4) Voir la biographie de cet artiste, page 55.

(5) Shi-ba Ko-kan semble avoir été indépendant dans sa vie comme il l'était dans sa peinture. On raconte qu'un jour, pour un motif que nous ignorons, il jugea bon de faire croire à tout le monde qu'il était mort. Il disparut très adroitement et s'alla cacher dans une maison du quartier de Shi-ba, à Yé-do. Tout alla bien durant un certain temps; mais, un jour que, se pensant oublié, il se promenait par la ville, quelqu'un le reconnut, le suivit et l'appela. Le peintre se mit à courir; l'autre en fit autant, le rattrapa et voulut l'interroger. Shi-ba Ko-kan lui dit tout en colère : « Comment un mort pourrait-il parler? » Puis s'échappant, sans plus se retourner, il laissa tout penaud son indiscret persécuteur.

TAWARA-YA SO-TATSOU

N° 73

SETSOU AN

N° 154

GAN KOU

N° 148

KANO KORE-NOBOU

N° 44

174. **Shi-ba Ko-kan.** (Attribué à). Sous un ciel froid et brumeux d'hiver, près du bord d'une rivière encaissée dans des levées de terre maintenues par des pieux, deux bateliers dirigent leurs barques qui suivent paisiblement le courant. Plus loin, on voit d'autres bateaux, dont l'un à la voile. Un chemin, longeant le revers du talus, conduit à un temple, dont on aperçoit le "tori-i" (arc de portique isolé, qui précède tout temple shintoïste) et le beau parc richement boisé. La neige couvre le sol et les arbres. Dans ce petit panneau, la préoccupation, nous dirions volontiers la persécution, de la peinture des Occidentaux est plus frappante encore. L'artiste a voulu faire un tableautin à l'huile, avec de l'aquarelle gouachée. Les reflets de la rive neigeuse, des pieux qui la bornent et des arbres qui l'accompagnent sont soigneusement dessinés et peints. C'est une curieuse tentative d'introduction de notre art au Japon par un peintre japonais.

Panneau en couleurs sur papier. Haut. : 0m385; Larg. : 0m53. Monture en vieilles soies.

ITCHI-RIOU-SAÏ HIRO-SHIGHÉ

1792[1]-1858

AN-DO HIRO-SHIGHÉ, peintre du Yé-do, était fils du "samouraï" pompier[2] An-do Jiou-bè-é. Il s'est appelé vulgairement An-do Tokou-ta-ro, puis Jiou-yé-mon. Dans la suite, il changea encore et se nomma Tokou-bè-é. Un petit "samouraï", nommé Oka-jima Rïn-saï[3], lui enseigna les premiers éléments du dessin, d'après le principe de Ka-no. Plus tard il alla réclamer les leçons de Outa-gava Toyo-Hiro[4], chez qui il s'exerça à la peinture vulgaire; il adopta alors le surnom de Itchi-riou-saï Hiro-shighé[5]. S'adonnant spécialement à l'"Ouki-yo-é", il s'est montré, avant tout, un paysagiste merveilleusement habile; mais il a peint aussi de façon magistrale les fleurs et les oiseaux. A partir du "nën-go" Tën-po (1830-1843), Hiro-shighé dessina beaucoup d'estampes, qui lui conquirent le goût du public. Il commença à donner les vues célèbres de Yé-do et de la fameuse route du Tô-kaï-do[6], dans la troisième année de An-seï (1856). On lui doit aussi une suite d'estampes connue sous le nom de "Yé-do meï-sho hiak'-keï". Sur la fin de sa vie, il se "rasa la tête" et mourut le 6e jour du 9e mois de la 5e année de An-seï (octobre 1858), à l'âge de 66 ans, disent les uns, de 62 seulement suivant les autres. Hiro-shighé a laissé en mourant une poésie (dont voici à peu près le sens) : « Mon pinceau abandonné sur la route de l'Est, je voyage au Ciel et je vais contempler les sites célèbres du pays de l'Ouest[7]. »

(1) 1796, suivant d'autres.

(2) Le livre C, sans autrement s'étendre sur le compte du père de l'artiste, dit : « C'était un petit "samouraï" attaché au service des incendies, dans cet endroit de Yé-do qu'on appelle Ya-yo Sou-ga-shi. » Le "samouraï" pompier était un bas officier de cette milice pacifique, plus précieuse encore au Japon que partout ailleurs; les maisons de ce pays étant construites en bois et les incendies journaliers.

(3) OKA-JIMA RIN-SAÏ, nommé vulgairement Bou-za-yé-mon et surnommé Han-sën, apprit les principes de l'École de Ka-no et ouvrit une école particulière. On connaît mal l'existence de ce peintre; mais on sait qu'il vivait encore vers le "nën-go" Tën-po (1830-1843).

(4) Voir la biographie de ce peintre.

(5) En souvenir de son nouveau maître, il prit le dernier caractère du nom de celui-ci et en fit le premier du sien.

(6) "To-kaï-do go djou san tsoughi" (cinquantre-trois stations sur la route du To-kaï-do — c'est-à-dire : de la route de la mer de l'Est —). Tout le monde sait que l'artiste a représenté un grand nombre de fois toute la série de ces stations, variant sans cesse les points de vue, le format de l'ouvrage et, ce qui est bien plus intéressant encore, sa facture.

(7) Le pays de l'Ouest est celui où les Japonais placent le Paradis.

175. **Itchi-riou-saï Hiro-shighé.** Vêtue d'un riche costume de soie blanche, sur lequel s'étale par-devant le nœud d'une somptueuse ceinture; la tête surchargée d'énormes "kanzashi" (longues épingles de coiffure) dorés, une "djo-rô" (courtisane), montée sur ses hautes "ghéta" (socques), s'avance majestueusement. Dans cette figure, le costume, exécuté à la gouache et rehaussé de motifs d'or et d'argent, fait valoir très richement la ceinture aux chaudes tonalités vertes, jaunes, brunes, éclairées d'or. Signé: Hiro-shighé, en bas, à droite. Au-dessous, un cachet rouge carré porte: Itchi-riou-saï.

Kakémono sur soie. Haut. : 0m905; larg. : 0m30. Monture en vieilles soieries.

176. **Itchi-riou-saï Hiro-shighé.** (Fait pendant au précédent.) Une "ghésha" (danseuse) vêtue d'un très long "kimono" (robe) gris, décoré de plantes exécutées en noir, et dont les plis retombent sur le sol autour de ses pieds. Par l'échancrure assez ouverte du col et l'hiatus du bas, on aperçoit un "kimono" de dessous rouge foncé. La ceinture de soie brune est très rigide; mais son nœud, porté par derrière, est à demi défait; le costume est aussi quelque peu dérangé. La "ghésha" vient de danser sans doute. La coiffure est ornée d'un peigne et de deux "kanzashi". Signature et cachet identiques à ceux du numéro précédent; mais placés en bas, à gauche.

Monture et dimensions également pareilles.

177. **Itchi-riou-saï Hiro-shighé.** Deux campagnardes des environs de Kyo-to portent sur la tête de gros fagots de bois. La route qu'elles suivent est coupée çà et là de ruisseaux. A leur droite, au second plan, des champs et quelques chaumes. Au loin, une haute montagne borne l'horizon. Signé : Hiro-shighé, en bas, à droite, au-dessus d'un petit cachet rouge portant : Itchi-riou-saï.

Panneau peint sur soie. Haut. tot. : 0m65; larg. tot. : 0m72. Monture en vieilles soieries.

178. **Itchi-riou-saï Hiro-shighé.** (Fait pendant au numéro suivant.) Une cascade dont les eaux descendent d'une colline pour se jeter dans un lac. Çà et là des pins et des érables aux feuilles rougies. Presque au bas de la cascade, sur un petit îlot et un chemin pierreux qui y conduit à basses eaux, on aperçoit quelques jeunes gens. Ce panneau, peint sur soie dans des tonalités délicates, présente une particularité assez rare : les arbres se reflètent dans l'eau du lac. Signé : Hiro-shighé, en bas, à gauche. Au-dessous, un cachet rouge carré porte : Itchi-riou-saï.

Panneau sur soie. Haut. tot. : 0m80; larg. tot. : 0m47. Monture en vieilles soieries.

179. **Itchi-riou-saï Hiro-shighé.** Un temple (probablement un de ceux de Oué-no, à Yé-do), peint en rouge très chaud, est bordé par un chemin ombragé de vieux "matsou" (pins) aux branches toutes tordues et de cerisiers fleuris. Quelques promeneurs animent le paysage.

Signature, cachet, dimensions, monture exactement comme au numéro précédent.

180. **Itchi-riou-saï Hiro-shighé.** A gauche, une colline, toute couverte de pins aux branches tordues et chargées de neige, surplombe une rivière. En haut, quelques toits blancs et de rares personnages. Des barques sillonnent la rivière; un homme conduit un radeau. Sur la rive en face, des groupes de maisons parmi les arbres et, dans le lointain, des montagnes entrevues. Exécutée avec quelques notes bleues, grises ou blanches, rehaussées d'un léger semis d'or, cette charmante peinture est tout à fait caractéristique du talent du maître, qui l'a signée : Riou-saï, au-dessus d'un cachet rouge carré portant : Hiro-shighé.

Panneau sur papier. Haut. : 0m20; larg. : 0m85.

OUTA-GAVA KOUNI-SADA

1786-1865

Ce KOUNI-SADA, né dans le domaine de Nishi-ka-saï, district de Katsou-shika, province de Bou-shiou, se nommait vulgairement Tsouno-da Sho-zo et porta de nombreux surnoms[1]. Tout jeune, il manifesta de sérieuses dispositions pour la peinture

(1) Parmi lesquels nous citerons : Ghep-pa-ro, Itchi-yoü-saï, Hokou-baï-do, Ko-tcho-ro, Go-to-teï, Fou-bo San-jin, To-jiou-yén, Fou-tcho-an, Kin-raï-sha, etc.

MATA-HEI

N° 165

MATA-HEI

N° 166

MATA-HEI

N° 164

NISHI-KAVA SOUKÉ-NOBOU

N° 203

OUTA-GAVA KOUNI-SADA

N° 181

英一蜂國貞畫

et dessinait sans maître des portraits d'acteurs. Devenu l'élève de Toyo-kouni Ier (1), qui lui confiait des modèles à copier, il charmait son professeur par l'habileté avec laquelle il les reproduisait. Kouni-sada s'est rendu surtout célèbre par les illustrations qu'il a exécutées pour de nombreux ouvrages sur le théâtre et aussi par ses estampes représentant des acteurs ou de jolies courtisanes (2). Dans la 4e année de Tën-po (1833), il suivit l'enseignement de Hanabousa Ik-keï (3) et apprit chez ce maître la manière de l'école de Hanabousa fondée par It-tcho. Il prit à cette occasion le surnom de It-taï Ko-tcho-ro et un peu plus tard celui de Hanabousa It-tcho. Mais, en 1844, ayant hérité le nom de son vieux maître Toyo-kouni Ier, il signa Itchi-you-saï Toyo-kouni IIe. Il mourut le 15e iour du 12e mois de la 1re année de Ghën-dji (janvier 1865), à l'âge de 79 ans. Vers cette époque parut une estampe, donnant le portrait de Kouni-sada et accompagnée d'une poésie (que l'on peut traduire ainsi) : « On a le cœur tranquille, sans souci, lorsqu'on a confié son « corps au dieu Amida. Quoi qu'il arrive, tout va bien. »

181. — **Outa-gava Kouni-sada.** — D'une main brandissant son grand sabre, de l'autre relevant un pan de sa robe qu'agite le vent, Sho-ki s'apprête à lutter contre des ennemis invisibles et roule des yeux fulgurants. Kouni-Sada a traité ce sujet avec une ampleur qui le rapproche beaucoup des artistes de Ka-no. Signé à droite : Hanabousa It-tcho Kouni-sada, au-dessus d'un grand cachet rouge.

Kakémono à l'encre sur soie. — Haut. : 0m47 ; larg. : 0m32. — Monture en vieilles soieries.

KAVA-NABÉ KYÔ-SAÏ (4)

1831-1889

Il naquit à Kô-ga, province de Shimo-sa, dans la 2e année de Tën-pô (1831). Son nom personnel était Dô-ikou ; il porta les surnoms de Kyô-saï et de Sho-jo. Dès sa plus tendre enfance, il aima la peinture et, à l'âge de sept ans, il entra chez Kouni-yoshi (5), pour apprendre les premiers éléments du dessin. Mais bientôt il quitta ce pre-

(1) Voir la biographie de ce peintre.

(2) Nous devons au livre C la curieuse anecdote suivante : « Du temps que Kouni-sada demeurait devant le temple du dieu Tën-jin, dans Kamé-i-do, à Yé-do, il fut sollicité de peindre une femme surprise par un voleur. L'artiste ne demandait pas mieux, mais, à son grand regret, ne pouvait arriver à se représenter la scène. Or il arriva qu'un soir il dut sortir pour quelque affaire, qui le retint fort avant dans la nuit. Sa femme, demeurée au logis, voyait avec tristesse les heures s'écouler sans que rentrât son mari. Tout à coup, la porte s'ouvrit brusquement et un voleur pénétra dans la maison. La pauvre créature stupéfaite hésitait, ne sachant à quoi se résoudre, lorsque le voleur, rejetant vivement le voile qui couvrait son visage, lui dit : « N'ayez pas peur. » Alors la femme, qui n'avait cessé de fixer sur lui les yeux hagards, reconnut son époux et lui demanda toute en larmes le motif d'un acte si étrange. Mais Kouni-sada prit immédiatement ses pinceaux et dessina la composition dont il n'avait pu venir à bout auparavant. La personne qui lui avait fait cette commande fut ravie de la voir si bien exécutée et lui envoya de riches présents. » Et le livre C désanchanteur d'ajouter : « Toute cette histoire est assurément ridicule ; il n'est pourtant pas rare d'entendre conter de semblables légendes sur les artistes d'autrefois. Elles sont nées sans doute de la conscience parfaite avec laquelle ils ont exercé leur profession. »

(3) HANABOUSA IK-KEI, surnommé Nobou-shighé, était fils et élève de Hanabousa Is-sën. Il mourut dans le 11e mois de la 14e année de Tën-po (décembre 1843), à l'âge avancé de 90 ans. — En même temps qu'il s'assimilait les principes de Hanabousa, Kouni-sada étudiait la manière de Sou-kokou chez un élève de ce maître nommé Ko Sou-rio —.

(4) KYO-SAÏ se servit d'abord, pour écrire la première partie de son surnom "kyô", d'un caractère qui se prononce toujours ainsi. Plus tard il changea ce premier signe, pour adopter celui dont il usa jusqu'à sa mort. Ce dernier ne se prononce jamais "kyô", mais bien "ghio". Ce serait donc Ghiô-saï que l'on devrait dire ; mais l'habitude l'emporte souvent sur la règle et nous l'appellerons, comme tout le monde, Kyô-saï.

(5) Voir la biographie de ce peintre.

mier maître pour suivre les leçons de Ka-no Tô-hakou[1]. Depuis lors, il étudia avec ardeur les différentes écoles, devint un peintre très habile et fonda lui-même une école particulière. La facture de Kyô-saï est large et puissante; elle reflète bien son caractère d'une indépendance absolue. Les anecdotes fourmillent sur Kyô-saï, dont l'existence fut, dit-on, fort déréglée; nous ne croyons pas utile de les rapporter ici[2]. Il est mort le 5ᵉ mois de la 22ᵉ année de Meï-dji (mai[3] 1899), à l'âge 59 ans.

182. **Kava-nabé Kyô-saï.** (Kakémono formant paire avec le suivant.) Au centre de la composition, plusieurs personnes parlent avec animation autour d'un grand " kakémono " sur lequel figure Dharma. D'autres, un peu plus loin, à gauche, apprécient une peinture représentant des corbeaux. A droite, un troisième groupe examine une statuette bouddhique. Enfin, tout au premier plan, des marchands et des amateurs discutent. Or tous ces gens, critiques, amateurs et marchands d'objets d'art, sont aveugles ou borgnes tout au moins. Kyô-saï a évidemment voulu montrer, dans cette pochade, son estime médiocre pour la compétence des amateurs et des marchands. Sa spirituelle satire à coups de pinceau donne une idée assez exacte de son caractère. Signé, en bas, à droite : Kyô-saï, près d'un cachet rouge, en forme de vase, portant le même nom.

Ce kakémono et le suivant, peints en couleur sur papier et montés avec de vieilles soies, mesurent 1ᵐ38 de hauteur et 0ᵐ64 de largeur.

183. **Kava-nabé Kyô-saï.** Dans cette peinture (pendant de la précédente), nous retrouvons la docte assemblée des borgnes et des aveugles. Elle entoure un vaste "kakémono" vierge encore, étendu à terre. Le peintre, un vieillard complètement aveugle, tient un gros pinceau et s'apprête à exécuter un chef-d'œuvre de sa façon. Signé : Sho-jo Kyô-saï, en bas à gauche, au-dessus d'un cachet carré portant : Sho-jo-wo (?) Kyô-saï.

184. **Kava-nabé Kyô-saï.** Exposé à une pluie battante qui fripe son beau plumage lustré, maître Corbeau, perché sur une branche, attend philosophiquement la fin de l'averse. Signé à droite : Kyô-saï, au-dessus d'un grand cachet rouge, portant deux corbeaux affrontés et le nom ; Setsou-hitsou Ko-ji (?).

Peinture à l'encre sur papier, entourée de soie et montée en panneau. Haut. totale : 0ᵐ38; larg. totale : 0ᵐ87.

ÉCOLE DE HANABOUSA.

HANABOUSA IT-TCHO Iᵉʳ

1652-1724

IT-TCHO appartenait à la branche Ta-ga de la famille Foudji-hara. Enfant, il s'appela I-zabou-rô; ensuite il signa vulgairement Dji-ou-é-mon et plus tard Souké-no-shïn[4]. Né à O-saka, la première année de Sho-wo (1652), il était le second fils de Taga Hakou-an, médecin de cette ville attaché au service de plusieurs "daï-mio". It-tcho

(1) KA-NO TO-HAKOU, bien qu'appartenant à la maison de Ka-no, suivit surtout le principe de To-sa. Tout ce qu'on sait de lui, c'est qu'il vivait encore dans le "nën-go" Ka-yeï (1848-1855).

(2) Nous imiterons la réserve de l'ouvrage japonais dont nous avons traduit cette biographie.

(3) On remarquera peut-être que nous mettons ici, pour le 5ᵉ mois japonais, le 5ᵉ mois européen. Cela tient à l'adoption, décrétée officiellement dans la 5ᵉ année de Meï-dji (1872), du calendrier grégorien par les Japonais.

(4) L'artiste changea très souvent de noms et de surnoms. Nous savons qu'il s'est appelé successivement : Nobou-ka, Rin-sho-an, Rïn-to-an, Kiou-so-do,

SHO-KWA-DO

N° 139

HANABOUSA IT-TCHO Ier
(Attribué à)

N° 189

HANDBOUSA IT-TCHO Ier
(Attribué à)

N° 190

KATSOU-KAVA SHOUN-SHO
(Attribué à)

N° 204

HANABOUSA IT-TCHO Ier

N° 185

aima la peinture dès son enfance. A peine âgé de quinze ans, la 6e année de Kwan-boun (1666), il vint à Yé-do avec son père et entra chez Ka-no Yasou-nobou [1] sous la direction de qui il fit de grands et rapides progrès. Prenant alors un des signes composant le nom de son professeur, il se fit appeler Yasou-wo. Cela déplut à Yasou-nobou qui l'en reprit avec quelque vivacité et lui dit : « Lorsque, jeune, on emploie « pour écrire son nom le caractère " wo " (qui signifie vieillard), on est en contra- « -diction avec un usage né du bon sens. » L'élève n'ayant pas voulu déférer à l'avis de son maître, celui-ci se mit en colère et le renia. It-tcho fonda alors une école particulière et s'installa dans la deuxième division de Go-foukou tcho. Il fut très lié avec les poètes Ki-kakou, Ran-setsou et Ba-sho, les calligraphes Sa-ghën-riou et Sa-boun-zan, le sculpteur Yoko-tani So-mïn [2] et aussi avec Ki-no Kouni-ya Boun-za-yé-mon, personnage célèbre surtout par ses folles prodigalités. Il apprit de Ba-sho le genre " haï-kaï " [3] et composa aussi des poésies vulgaires sous le nom de Wa-wo. Il étudia, sous la direction de Sa-ghën-riou, l'art de la calligraphie, dans lequel il devint très habile. Il innova même plus tard un genre particulier d'écriture et ouvrit, pour l'enseigner, une école qui lui acquit une grande réputation. On connaît de fort beaux dessins du maître accompagnés d'inscriptions de sa composition exécutées par lui d'une très belle main. It-cho a fait preuve d'un style très personnel et d'une variété extrême dans les inventions de son pinceau. Tantôt c'était des personnages, des oiseaux ou des fleurs, qu'il rendait admirablement; tantôt des dessins bizarres, que l'on ne pouvait regarder sans être pris de fou rire [4]. Il représenta un jour, à la demande d'une courtisane, un Dharma femelle, qui fut, dit-on, l'origine des " Wonna Darou-ma " (Dharma femme) [5]. Le genre fantaisiste de dessin, créé jadis par To-ba Sô-jô [6], était tombé en désuétude peu après la mort de cet artiste; It-cho le ressuscita, ce qui l'en a fait considérer comme le second inventeur. Il ne suivit donc pas servilement la règle des Ka-no; son génie s'éleva hors de la sphère de cette école [7]. La 11e année de Ghën-rokou (1698), It-cho alors âgé de 47 ans, ayant fait un dessin représentant la danse " asa dzouma bouné " (m. à m. : matin, femme, bateau), se vit exiler dans l'île de Mi-yaké shima [8]. Le gouvernement avait jugé offensante cette composition qui contenait des allusions à des choses du temps [9]. L'artiste aimait sa vieille mère

Koun-dji, Ki-soui-wo, Kiou-to-do, Ik-kan, San-jin, Rokou-so, Kan-setsou, Ho-sho, Oun-do, Ghio-oun et Tcho-ko. il changea trois fois la manière d'écrire ce nom Tcho-ko et le porta pour la dernière fois " au soir de son âge ", après s'être fait " raser la tête ". Il s'est encore donné le nom de Ip-po Kan-jin, qu'il céda plus tard à l'un de ses élèves.

(1) Voir la biographie de cet artiste, page 15.

(2) SO-MIN, nommé vulgairement Dji-bë-é, demeurait à Hi-mono tcho (quartier des marchands de bois à Yé-do). Il mourut le dernier jour du 3e mois de la troisième année de Sho-tokou (fin d'avril 1713).

(3) Nous savons que ce sont des poésies de dix-sept syllabes.

(4) IT-TCHO avait un caractère original, et aimait les plaisanteries. Un jour il apprend qu'on va mettre en vente une lanterne de pierre très ancienne et de forme singulière et que plusieurs seigneurs comptent se la disputer; il se précipite au marché et se rend acquéreur de l'objet convoité au prix de tout l'argent qu'il possède en sa bourse. A quelque temps de là, il achète des tomates nouvelles qu'il paye fort cher; et s'écrie, chaque fois qu'il mange quelques-unes de ces coûteuses tomates devant sa lanterne allumée : « Voici le plaisir le plus rare de tout le pays. »

(5) Dharma, fils d'un prince hindou, fut un des premiers et des plus saints apôtres du bouddhisme. Il est très populaire au Japon.

(6) TO-BA SO-JO, créateur du genre de caricature appelé de son nom " To-baé " (dessin de To-ba), fut un artiste illustre, très original, qui mourut dans la 6e année de Ho-yën le 15e jour du 9e mois (octobre 1140), à l'âge de 88 ans.

(7) Le livre B dit : « Ce serait une erreur de le classer, ainsi que certains « l'ont fait, parmi les artistes " vulgaires ", sous le prétexte que ses œuvres furent « parfois bizarres. La vérité est qu'il suivit très exactement la tradition de l'école « de Ka-no, mais qu'il se livra de temps en temps à quelque fantaisie dans ses « dessins. »

(8) Hatchi-jo shima, dit le livre C.

(9) Nous croyons devoir donner ici tout le passage du livre B se rapportant à cet incident, sur lequel l'artiste a rapidement glissé dans l'appendice des quatre saisons illustrées (que nous publions en entier immédiatement à la suite de la biographie de It-tcho); parce qu'il confirme un trait de mœurs japonaises et ajoute deux détails à ce qui a été dit ci-dessus. « Dans les années de Ghën-rokou (1688-1703), « It-tcho, de concert avec Moura-ta Mïnbou, sculpteur d'images bouddhiques,

d'une tendresse qui ne s'était jamais démentie. Dès le début de son exil, pensant tristement qu'elle n'aurait plus personne pour la nourrir, il avait chargé son ami Yoko-tani So-mïn de la recueillir; puis il avait adressé une pétition au Sho-goun, demandant qu'il lui fût permis de vendre ses œuvres pour subvenir aux besoins maternels, ce qui lui avait été accordé. A Mi-yaké shima, It-cho fut obligé de fabriquer lui-même ses couleurs, soit avec des minerais ou des terres, soit avec des écorces d'arbres indigènes. Il est à remarquer que les peintures exécutées par lui à cette époque sont l'objet d'une estime toute spéciale; on les nomme " shima It-tcho " (It-tcho à l'île). Par chaque navire It-tcho expédiait à sa mère quelque production de son pinceau [1]. L'île Mi-yaké shima est située au sud-est de Yé-do. It-tcho, durant son exil, se mettait très souvent à la fenêtre, ménagée au nord de sa maison, presque dans la direction de la résidence maternelle, par conséquent. Désireux de rappeler cette filiale habitude, il prit le surnom de Hokou-sô-wo (vieillard de la fenêtre du nord). L'exil de It-tcho dura douze ans. Gracié le 9e mois de la 6e année de Ho-yeï (octobre 1709), il retourna à Yé-do, où il eut la joie de retrouver sa mère et de demeurer avec elle, rue Naga-bori, dans le quartier de Fouka-gava. Il avait reçu notification de sa grâce tandis qu'il était occupé à contempler un papillon posé sur un buisson fleuri. Il voulut consacrer ce souvenir et prit d'abord le surnom de It-tcho (m. à m. : un papillon); puis, comme le nom de famille de sa mère était Hana-fousa, il choisit un caractère dont la prononciation se rapprochât de celle des deux caractères " hana " et " fousa " et s'appela Hanabousa (m. à m. : buisson fleuri). Ce fut surtout depuis que le maître prit ces noms, que sa réputation grandit de plus en plus. Derrière le temple Reï-kën ji, dans cette partie de Fouka-gava (quartier de Yé-do) qu'on appelle Oumi-bé Shïn-dën, s'élevait un autre temple, le Ghi-oun ji, desservi par des bonzes de la secte Zën-ïn. It-tcho aurait, dit-on, habité ce temple et en aurait décoré les portes mobiles de dessins variés. C'est là sans doute la raison qui a fait nommer ce monument temple de It-tcho. Il mourut de maladie, à l'âge de soixante-treize ans, le 13e jour du 1er mois de la 9e année de Kyo-ho (février 1724). A cette époque, il demeurait encore rue Naga-bori, au quartier de Fouka-gava. Il fut enterré dans la tour Ghën-go-ïn du temple Sho-kyo ji à Azabou Ni-hon Yé-noki. It-tcho eut deux fils : Nobou-kadzou et Ghën-naï, qui, tous deux, furent des peintres habiles.

APPENDICE DES QUATRE SAISONS ILLUSTRÉES

La " peinture nationale " a pour origine le pinceau fantaisiste de To-sa Kyo-bou no Taï-you Mitsou-nobou. Cet artiste a peint une grande variété de sujets, depuis les élégances des seigneurs jusqu'aux mœurs grossières des paysans; depuis les scènes de la vie simple des montagnards jusqu'aux plantes rares des jardins les mieux entretenus. La " pein-

« illustra, en manière de plaisanterie, un livre intitulé : To-seï hiakou nin « is-shiou. (Une poésie de chacun des cent poètes contemporains). Le gouvernement « ayant vu dans cette illustration une critique visant de hauts fonctionnaires de « l'époque, l'artiste fut puni d'exil dans l'île Mi-yaké shima, le 12e mois de la « 11e année de Ghën-rokou (janvier 1699). »

Le livre C confirme la date donnée par les deux autres ouvrages et combat une opinion, d'après laquelle l'exil du maître aurait commencé trois ans plus tôt.

(1) Il dessina un jour très exactement une scène de sa vie d'exil, et ayant roulé cette composition dans une autre destinée à la vente, il l'envoya ainsi à sa mère. Ce dessin, conservé longtemps dans la maison de So-mïn, devint plus tard, dit-on, la propriété de Mi-tani et a été détruit récemment dans un incendie.

HANABOUSA IT-TCHO IIme

N° 191

HANABOUSA IT-TCHO IIme

N° 192

HANABOUSA IT-TCHO IIme

N° 193

HANABOUSA IT-TCHO IIme

N° 194

HANABOUSA IT-TCHO IIme

N° 195

HANABOUSA IT-TCHO IIme

N° 196

ture nationale", qui eut de tels débuts, est encore en faveur après plusieurs générations; il est donc bien naturel qu'un homme d'aussi modeste importance que moi admire cette manière de peindre. Plus récemment, un peintre nommé Iwa-sa Mata-bè-é, natif de la province de Etchi-zên, représenta avec un naturel charmant des chanteuses et des danseuses dans les costumes qu'elles portaient de son temps. Il fut surnommé, à cause de cela : Ouki-yo Mata-bè-é (Mata-bè-é le vulgaire). Ses œuvres sont depuis longtemps tenues en grande estime. Un autre artiste, Hishi-kava Moro-nobou, de la province de A-va, vint s'établir à Yé-do et y fit imprimer des dessins qui plurent beaucoup aux amateurs. Les principes de ces maîtres ne sont pas tout à fait les miens; cependant, au temps de ma jeunesse, lors de ma vie extravagante, j'ai rêvé de dépasser Iwa-sa et Hishi-kava, et j'ai commencé à faire de la peinture selon leur manière. Un recueil d'études sans valeur, dont je suis honteux aujourd'hui, n'en attira pas moins cependant alors l'attention du public. Par suite d'une fâcheuse circonstance, je fus condamné à l'exil. Plus de dix ans se sont écoulés depuis cette époque; rendu à la liberté par la grâce que m'a faite un gouvernement bien tolérant, j'ai pu rentrer à Yé-do et retrouver l'ancienne demeure où j'avais vécu tant d'heureuses années. Un ami vient de remettre sous mes yeux une suite de compositions que j'exécutai jadis sur les quatre saisons. A cette époque-là, j'avais l'esprit vif, je m'en souviens bien. Il me semblait que j'étais capable de distinguer avec une facilité merveilleuse des choses bien subtiles. En comparant les costumes de mes études à ceux de la mode actuelle, je constate une notable différence. On porte aujourd'hui une grande coiffure descendant par derrière plus bas que le cou; et les manches des vêtements sont si longues, qu'elles balaient la route. Mes dessins ont donc l'air de représenter des bonnes femmes de la campagne. Pourtant, la vue de ce recueil, retrouvé après de longues années, me cause une joie égale à celle qu'éprouva Oura-shima, d'après la légende, lorsqu'il rencontra la septième génération de ses descendants (1). Aussi ne puis-je me tenir de mettre quelques mots à la fin de ce livre, pour témoigner du plaisir inattendu qu'il vient de me donner.

185. **Hanabousa It-tcho I.** Yebisou, l'un des sept dieux du bonheur, tient sa longue ligne de la main droite et, de la gauche, conduit un cheval qui porte un gros poisson dans un panier. Cette composition, d'un dessin vif et spirituel, peinte en quelques coups de pinceau légers, montre le talent de It-tcho sous son aspect gai et humoristique. En bas, à droite, un petit cachet rouge carré porte : Koun-ji, au-dessous de la signature qui se lit : Tcho-ko.

Kakémono sur papier. Larg. : 0^m47; haut. : 0^m315. Monture en vieilles soies.

186. **Hanabousa It-tcho I.** Non moins amusant que son confrère en divine bienveillance du numéro précédent est le Ho-teï représenté ici couché tout de son long. La tête du protecteur des enfants repose sur son grand sac, qu'il a pris pour oreiller. Près de lui est son bâton. Peint à l'encre avec de grands à-plat relevés par de forts accents, un peu dans la manière de Sho-kwa-do, ce "kakémono" est très largement exécuté. Signé en bas, à droite : Hanabousa It-tcho. Au-dessous un cachet rouge et rond porte : Shiou-za San-oun Sên-séki-kan.

Peinture sur papier. Larg. : 0^m41; haut. : 0^m28. Monture en vieilles soies.

187. **Hanabousa It-tcho I.** Un héron médite, perché sur la branche tourmentée d'un vieux saule. Le corps blanc de l'oiseau se détache vigoureusement sur l'énorme tronc. Au-dessous de l'arbre, des herbes au pied d'une barrière. Presque entièrement exécutée à l'encre légère rehaussée de quelques gaies notes vertes dans les feuilles, les mousses et les herbes qui entourent la barrière, cette peinture est en outre accentuée de noirs puissants distribués avec une merveilleuse habileté. Signé en bas, à gauche : Hanabousa It-tcho. Au-dessous, un cachet rouge et carré porte : Hanabousa It-tcho.

Ce kakémono (formant paire avec le suivant) est, comme lui, peint sur le papier et, comme lui, mesure : Haut. : 0^m875; larg. : 0^m265.

188. **Hanabousa It-tcho I.** (Comme nous l'avons dit, cette peinture forme paire avec la précédente.) Un corbeau, perché sur le tronc d'un gros pin, fait la toilette de son aile. Le disque rouge du soleil prêt à se coucher est à demi caché par des nuages. Exécuté dans la gamme des noirs, avec quelques tons rouges bruns et

(1) Il y avait autrefois, dans l'île Foukou-shima, un jeune pêcheur qui s'appelait Oura-shima Ta-ro. Un jour, il rencontra sur la grève une tortue, qui lui parla de toutes les choses merveilleuses qui sont au fond de la mer, et lui proposa de venir les voir avec elle. Oura-shima accepta et tous deux descendirent très loin, très loin sous l'eau, si bien qu'ils finirent par arriver dans un splendide palais habité par la déesse O-to-himé. Le palais était si merveilleux, la déesse était si belle et donnait tant de fêtes à Oura-shima, que celui-ci, se trouvant très heureux, oubliait le temps qui passait. Cependant, un jour, il se rappela son pays, et demanda à O-to-himé de l'y laisser retourner. La déesse voulut bien le lui permettre et lui donna un coffret, en lui recommandant surtout de ne jamais l'ouvrir. Oura-shima le promit, et repartit avec la tortue, qui le ramena dans son île de Foukou-shima. Mais là, notre pêcheur trouva tout changé et ne reconnut plus ni les maisons, ni les habitants; ce qui n'est pas surprenant, puisque ceux qu'il rencontra étaient les descendants de son frère à la septième génération. Lui seul était toujours le même et n'avait pas vieilli depuis le jour de sa première rencontre avec la tortue. Tout ce qu'il voyait lui semblait nouveau et lui causait autant de plaisir que d'étonnement. Une chose pourtant le rendait triste au milieu de ses joies, il mourait d'envie d'ouvrir le coffret de O-to-himé. Un jour, n'y tenant plus, il souleva le couvercle et ne vit rien dessous. Mais à l'instant même, il sentit qu'il vieillissait. En un moment il devint si vieux, si vieux que personne n'avait jamais vu un pareil vieillard. Ses cheveux et sa barbe étaient devenus tout blancs et ses jambes étaient si tremblantes qu'elles ne pouvaient plus le soutenir. Voilà comment Oura-shima fut puni de sa curiosité.

verts, ce " kakémono " est remarquable par la puissance de sa facture et fait dignement pendant au précédent. La signature et le cachet sont les mêmes que dans ce dernier.

189. **Hanabousa It-tcho I.** (Attribué à). (Ce kakémono et le suivant, qui se font pendants, sont de ceux que les " tcha-jin " préfèrent pour décorer la salle où ils font le " tcha no you ".) Deux paysans, en voyage, regardent ébahis une cascade, dont l'eau tombe d'un point situé presque perpendiculairement au-dessus d'eux. Leurs têtes complètement renversées, leurs yeux écarquillés donnent à leurs physionomies des expressions comiques admirablement saisies par l'artiste.

Ce kakémono et le suivant, peints sur papier, à l'encre, rehaussée de quelques touches colorées, sont montés en vieilles soieries et mesurent 0m88 de hauteur sur 0m16 de largeur.

190. **Hanabousa It-tcho I.** (Attribué à). Ce kakémono (formant la paire avec le précédent) représente trois autres paysans extasiés eux aussi, mais cette fois, à la vue d'une énorme cloche pendue au-dessus de leurs têtes. Ici encore l'observation comique du mouvement des figures est ineffable et l'exécution remarquablement habile.

HANABOUSA IT-TCHO II

1676-1737

Fils aîné de It-Tcho, il s'appela successivement Nobou-katsou et Itcho-hatchi. Élève de son père, il s'assimila admirablement sa manière et devint lui-même un peintre très habile. It-tcho II mourut le 11e jour du 11e mois de la 2e année de Ghën-boun (décembre 1737), à l'âge de 61 ans.

191. **Hanabousa It-tcho II.** (Les douze " kakémono " suivants forment une série de peintures représentant chacune une fête ou solennité marquante d'un des mois de l'année. Dans toutes ces compositions, on retrouve bien la manière de l'illustre père de notre artiste; le mélange des traditions de To-sa et de Ka-no, auxquelles est venu s'ajouter l'humour si caractéristique de l'école de Hanabousa.) Nous sommes dans une rue, le jour du " saï-tan " (premier jour de l'an — février —). Devant une maison, de chaque côté de laquelle sont plantés des " matsou " (pins) et des " také " (bambous) (1), un " man-zaï " (2) danse, un autre l'accompagne sur son " taï-ko " (sorte de tambourin), en chantant. Un enfant porte son petit frère sur son dos; des jeunes filles jouent au volant (3). Au premier plan, deux autres " man-zaï " s'en vont en gambadant. Signé en bas, à droite : Hanabousa It-tcho. Au-dessous, un petit cachet rouge de forme ronde se lit Shi-mou-ja. Les douze peintures de la série portent la même signature et le même cachet.

Kakémono sur papier. Haut. : 1m30; larg. : 0m51. Monture en vieilles soies. Des onze peintures qui suivent, cinq sont montées exactement comme celle-ci; les montures des six autres sont faites de soies différentes, mais toutes semblables entre elles.

192. **Hanabousa It-tcho II.** Le premier jour du deuxième mois, on célèbre le " Katsou-mouma " (4), fête consacrée au dieu Inari. Devant un " tori-i " (portique du temple shinto-iste) passe un groupe d'enfants.

(1) Ces arbres jouent au Japon le rôle du gui en Europe; toutes les maisons en sont ornées ce jour-là.

(2) Les " man-zaï " (m. à m. : dix mille ans de bonheur) sont des personnages plaisants qui, dans l'espoir de quelque aubaine, vous souhaitent en dansant et en en chantant toutes les joies du monde.

(3) Ce jeu favori des jeunes filles japonaises ressemble beaucoup au nôtre. Le volant, nommé là-bas " ha-né " (plume-graine), est fait de quelques plumes piquées dans une graine ronde desséchée. La raquette est une petite planchette découpée en forme de battoir et décorée parfois sur sa face externe de précieuses peintures. Ce charmant exercice, qui permet aux jeunes filles de faire admirer leur grâce et leur adresse, doit débuter avec le nouvel an. C'est le moment aussi d'étrenner les " kimono " (costumes) neufs; les jeunes filles éprouvent donc un plaisir extrême à se produire ce jour-là.

(4) Ce mois se trouve sous le signe du cheval (" mouma " en japonais).

HANABOUSA IT-TCHO IIme

N° 197

HANABOUSA IT-TCHO IIme

N° 198

HANABOUSA ITCHO IIme

N° 199

HANABOUSA IT-TCHO IIme

N° 200

HANABOUSA IT-TCHO IIme

N° 201

HANABOUSA IT-TCHO IIme

N° 202

Celui qui marche devant tient, sur un plateau, un renard blanc représentant le dieu Inari. Deux autres portent sur l'épaule, à l'aide d'un bambou, un gros tambour qu'un quatrième gamin frappe de petits bâtons. Auprès d'eux, un cinquième esquisse une danse joyeuse; le dernier élève à bout de bras une bannière. Au premier plan deux spectateurs contemplent le gai cortège.

193. **Hanabousa It-tcho II.** Le troisième mois est symbolisé par un "Tori-avasé" (combat de coqs) (1). La scène se passe dans une cour derrière le mur de laquelle on aperçoit des arbres fleuris. A gauche, trois personnages, dont un enfant, suivent attentivement les péripéties de la lutte. Un coq rouge et noir faiblit; son adversaire au blanc plumage en profite pour le charger une dernière fois. A gauche, trois gamins gesticulent en montrant le vaincu. Derrière eux, près d'une cage de bambou, un quatrième enfant s'avance, tenant sous le bras un coq frais, dont le plumage rappelle celui du combattant malheureux qu'il est destiné sans doute à remplacer.

194. **Hanabousa It-tcho II.** Le quatrième mois est celui du "kwan boutsou" (lavage de Bouddha) (2). Un prêtre d'aspect misérable s'est arrêté au milieu d'une rue de village, devant une chaumière entourée d'une haie de bambous. Il baigne une statuette de Bouddha dans un seau contenant de l'eau préalablement bouillie avec des herbes spéciales. Sur la porte, une femme, tenant un bambin contre sa poitrine, remet à une jeune fille une pièce de monnaie destinée sans doute à acheter un peu de cette eau, qu'elle conservera pieusement chez elle comme les chrétiens gardent l'eau bénite.

195. **Hanabousa It-tcho II.** Le cinquième jour du cinquième mois, a lieu la fête nommée "Tan-go". Ce jour-là, tous les Japonais ayant des enfants mâles font flotter au sommet de leurs demeures des bannières ou des carpes géantes en toile peinte. L'usage veut aussi que l'on expose des objets guerriers devant les portes et dans l'intérieur des habitations. C'est ce que l'artiste a représenté ici. Devant une maison sont exposées quelques pièces de harnois : casque, lances, etc. Un danseur tient à bout de bras une statuette peinte figurant un guerrier. Des enfants regardent et manifestent leur joie par force gestes. Un d'eux, qui porte un grand sabre, cherche à imiter l'air terrible de la belliqueuse marionnette. Partout les toits sont pavoisés de bannières dont la plupart portent des "mon"; mais sur l'une d'elles on aperçoit l'image du célèbre et invincible Sho-ki.

196. **Hanabousa It-tcho II.** Sixième mois "Fouji-madé" (visite au dieu du mont Fouji). Nous sommes au bord de la mer, dans laquelle s'ébattent trois gamins. Devant son échoppe adossée à un vieux saule, un marchand de nourriture fait jaillir dans un plat une substance ressemblant à du fromage blanc et contenue dans un long moule à forme carrée. Une des parois extrêmes du moule manque, l'autre est mobile et garnie d'une tige; l'outil se manie à la manière d'une seringue. Deux voyageurs, assis sur un banc au premier plan, dégustent les mets populaires. Leurs vêtements semblables, leurs paquets roulés sur le dos, les longs bâtons déposés auprès d'eux les font reconnaître pour des pèlerins de la montagne sacrée, qui vont prier le dieu Fouji.

197. **Hanabousa It-tcho II.** Le septième jour du septième mois est consacré à la fête du "Tana-bata", célébrée en l'honneur de deux astres, qu'on apercevra le soir et qui sont considérés comme un couple de dieux vivants. Il est d'usage, ce jour-là, d'écrire, en l'honneur des deux divinités, des poésies amoureuses sur des bandes de papier multicolores, attachées à de longs bambous, qu'on hisse sur le toit des habitations. Deux musiciens, un chanteur et trois danseurs sont représentés ici devant une maison dont la porte d'entrée, aussi bien que le toit et celui des maisons voisines, est décorée de bandelettes diversement colorées. Sur une sorte d'éventaire, une lanterne ronde laisse voir des silhouettes de petits personnages dans des poses comiques.

198. **Hanabousa It-tcho II.** Huitième mois. "Meï-ghetsou" (lune éclairante). On a coutume, ce mois-là, de fêter la "claire lune". Au jour dit, tous les mets doivent être préparés avec des "sato-imo" (patates sucrées). Nous voyons, devant une chaumière, au bord d'un ruisseau qu'ombrage un saule, un paysan se tenant en équilibre, les deux pieds sur le bord d'un grand baquet. Il épluche et lave des patates douces, à l'aide de deux longs bâtons habilement manœuvrés. A droite un enfant apporte un sac de "sato-imo". Sur tout le tableau brille la "claire lune".

199. **Hanabousa It-tcho II.** "Tcho-yo" est un des noms du neuvième mois, pendant lequel on expose de beaux chrysanthèmes et l'on commence à jouer au "mari" (3). L'artiste nous a transportés dans un jardin

(1) Autrefois, dans le courant de ce mois, un grand combat de coqs avait lieu dans une des vastes salles du palais impérial.

(2) Suivant un ancien usage, le 8e jour du 4e mois, qui est celui de la naissance de Bouddha, on lave les statues de ce dieu, avec une eau consacrée, dans tous les temples affectés à son culte. Cette eau sert encore à des usages divers : on en boit pour se préserver de nombreuses maladies; on en met surtout dans le "sou-zouri-ishi" (pierre creusée, dans laquelle on délaye l'encre de Chine). La croyance veut que les insectes nuisibles s'éloignent de l'endroit où l'on a placé un papier portant quelques mots écrits avec cette encre.

(3) Le "mari", sorte de balle resserrée suivant l'un de ses grands cercles, s'envoie avec le pied, dans un jeu qui, sauf ce détail, ressemble assez à notre "paume".

fleuri de chrysanthèmes blancs et roses. Deux jeunes filles, vêtues de frais " kimono ", se tiennent auprès d'un mur, que dépasse le haut des barrières servant à enclore le jeu de " mari ". Sur la crête du mur, un homme réclame sa balle tombée dans le jardin. Une des jeunes filles se baisse et la ramasse.

200. **Hanabousa It-tcho II.** Dixième mois : " Kan-na dzouki " (mois durant lequel les dieux sont absents). Une croyance veut que chaque année, pendant le dixième mois, tous les dieux de la religion " Shïn-to " aillent se réunir au temple O-yashiro, dans la province de I-dzoumi, pour s'entendre sur la direction générale des êtres et des choses. Sous un vieux pin tordu envahi par une liane aux feuilles rougies, près du petit temple shintoïste qu'il abrite, un prêtre, absorbé dans une fervente prière, implore le retour de son dieu.

201. **Hanabousa It-tcho II.** C'est durant le onzième mois "Shimo-dzouki", qu'on célèbre la fête des forgerons. A cette occasion, chacun des membres de l'importante corporation a coutume de distribuer des " mi-kan " (mandarines) aux enfants de son voisinage. Par la fenêtre de sa maison, un forgeron, que caractérisent suffisamment les deux grands marteaux reposant au fond sur le sol, jette des mandarines qu'il tire d'une corbeille placée auprès de lui. Dans la rue, un groupe d'enfants joyeux reçoit, ramasse, dévore, attend ou réclame les fruits savoureux.

202. **Hanabousa It-tcho II.** Douzième mois. " Seï-bo " (fin de l'année). Nous nous retrouvons dans une rue au dernier jour de l'an; chacun s'apprête pour la fête du lendemain. Un homme roule dans sa maison, ornée déjà de " matsou " (pins, porte-bonheur), un grand mortier de bois à piler le " motchi " (1). Près de lui une jeune fille va offrir un présent, renfermé dans une boîte en laque rouge posée sur un plateau. Un petit marchand de victuailles porte, suspendus aux deux extrémités d'un bambou, divers ustensiles de cuisine, parmi lesquels un " hi-batchi " (brasero) rempli de charbons enflammés et surmonté d'un gril. Un artisan passe, les mains chargées de raquettes à volant, d'un arc et de ses flèches, devant deux montreurs de " shi-shi " (lion fantastique), dont l'un joue du " taï-ko ", tandis que l'autre se prépare à couvrir sa tête du masque grimaçant de la chimère, continué par une étoffe rayée destinée à imiter le corps de l'animal. Deux porteurs de " motchi " et des " man-zaï " complètent le tableau.

ÉCOLE DE NISHI-KAVA.

NISHI-KAVA SOUKÉ-NOBOU

1677-1751

Habitant de Kyo-to, où probablement il était né, il appartenait à la famille Foudji-hara et se nommait personnellement You-souké. Ses surnoms furent Ou-kyo, Ji-tokou-saï et Boun-kwa-do. D'abord élève de Ka-no Yeï-no [2], il abandonna par la suite les principes officiels de Ka-no pour se faire peintre d' " Ouki-yo-é ". Quand il fut bien en possession de cette manière nouvelle, Souké-nobou fonda une école qui s'illustra hautement par sa façon particulière de traiter les sujets populaires. Nul mieux que lui ne peignit les gens de son époque, nobles ou vilains. Mais il excella surtout

(1) Le " motchi " est une pâte grossière faite avec un riz d'une qualité spéciale, le " motchi-gomé " (m. à m. : riz à " motchi "). De cette pâte, pétrie au pilon dans un mortier, on fait des gâteaux arrondis, nourriture préférée des trois premiers jours de l'année. C'est là un maigre régal, nous semble-t-il. Ces gâteaux, coupés en petits carrés, puis simplement grillés sur des charbons ardents, sont d'un goût fade, d'une digestion difficile et remplacent désavantageusement les lourdes crêpes de nos pays.

(2) KA-NO YEI-NO, fils aîné de Ka-no San-setsou, apprit la peinture chez son père et suivit ensuite les leçons de Ka-no Yasou-nobou. Il fut fort goûté de ses contemporains et mourut dans la 10e année de Ghën-rokou (1697).

ITCHI-RIOU-SAI HIRO-SHIGHÉ

N° 176

ITCHI-RIOU-SAI HIRO-SHIGHÉ

N° 178

ITCHI-RIOU-SAI HIRO-SHIGHÉ

N° 175

TEI-SAI HOKOU-BA

N° 210

ITCHI-RIOU-SAI HIRO-SHIGHÉ

N° 179

HOKOU-JIOU

N° 208

en des compositions représentant de jolies courtisanes. Il se montra aussi bon peintre de " shoun-gwa " (m. à m. : dessin de printemps) [1]. Il mourut dans le cours de la 1re année de Ho-réki (1751), à l'âge de 74 ans.

203. — **Nishi-kava Souké-nobou.** (Attribué à). — Sous un prunier fleuri, une jeune fille, vêtue d'une robe d'un bleu très doux, porte dans un pli de son vêtement des fleurs de l'arbre qui l'abrite. Les jeunes filles, chez nous, effeuillent des marguerites pour connaître l'avenir; celle-ci va consulter les fleurs de prunier et leur demander le secret de son bonheur futur. En bas, à droite, deux cachets : Sur celui du haut, oblong, on lit : Nishi-kava; sur l'autre, en forme de brûle-parfum : Souké-nobou.

Kakémono en couleur sur papier. — Haut. : 0m75; larg. : 0m32. — Monture en vieilles soies.

ÉCOLE DE MIYA-GAVA.

KATSOU-KAVA SHOUN-SHO

Seconde moitié du XVIIIe Siècle

Katsou-kava [2] était le nom de famille de cet artiste, qui porta quantité d'autres noms ou surnoms [3]. On n'est pas bien fixé sur ses débuts. On lui donne, sans toutefois l'affirmer positivement, Ko Sou-kokou [4] pour premier maître. Celui-ci lui aurait appris la peinture, selon la manière de Hanabousa It-tcho. On sait que Shoun-sho fut d'abord très pauvre et qu'il était obligé de loger à l'auberge. Son dénûment était si grand que, ne possédant même pas un cachet personnel, il empruntait pour signer celui de son aubergiste. Ce cachet affectait la forme d'un pot et portait simplement le nom de son propriétaire : " Hayashi " (bois ou forêt), qui s'en servait, lui, pour donner ses acquits. Les contemporains du pauvre artiste avaient pris l'habitude de le désigner sous le nom de Tsoubo-ya (maison du pot, — jeu de mots sur la forme du cachet qu'il employait —). Continuant la plaisanterie, le public donna à Shoun-ko, son meilleur élève, le surnom de " Ko-tsoubo " (c'est-à-dire petit pot). Shoun-sho fit preuve d'un très réel talent dans la " peinture vulgaire ". Ses figures d'acteurs, et surtout de jolies courtisanes, lui valurent une grande réputation. Il se montra aussi calligraphe très distingué. Il mourut le 8e jour du 12e mois de la 4e année de Kwan-seï (janvier 1792).

(1) C'est-à-dire : dessins érotiques. Une publication de ce genre dont il dessina les illustrations le fit condamner par les autorités.

(2) MIYA-GAVA avait été d'abord son nom de famille; et il avait suivi les enseignements de l'école de ce nom, s'il faut en croire la table du livre A. Plus tard, à l'imitation de Miya-gava Shoun-soui, fils du fondateur, il changea son nom en celui de Katsou-kava.

(3) Nous citerons parmi ces noms ou surnoms You-souké, You-ji, Seï-ji, Ghiokou-ran-saï et Rin-rin Shoun-teï.

(4) KO SOU-KOKOU, artiste de Yé-do, étudia les principes de To-sa et de Ka-no et aussi ceux de Hanabousa It-tcho.

Il mourut dans le 8e mois de la 1re année de Boun-ka (septembre 1804), à l'âge de 75 ans.

204. **Katsou-kava Shoun-sho.** (Attribué à). Une jeune femme élégante et jolie est absorbée dans la contemplation d'ossements humains gisant à ses pieds, parmi les herbes. Le dessin est très gracieux et la couleur d'une exquise délicatesse. Sous les traits de cette charmante créature, l'artiste a représenté l'héroïne d'une légende bouddhique. Ji-gokou daï (Ji-gokou veut dire enfer), courtisane célèbre, menait une existence des plus folles, tournant toutes les têtes, entassant ruines sur ruines. Un jour, brusquement, elle comprit toute la honte de sa condition. Considérant le néant des choses, regrettant amèrement son triste passé, elle résolut, sous l'aiguillon du remords, de changer complètement d'existence. Dès lors, elle se voua exclusivement aux œuvres charitables et, après sa mort, fut honorée comme une sainte.

Kakémono de forme très étroite, peint sur papier. Haut. : 0m85 ; larg. : 0m12,5. Monture vieilles soies.

KATSOU-SHIKA HOKOU-SAÏ

1759-1849

Né dans le Hon-djo [1], Hokou-saï était fils du miroitier Naka-jima, attaché à la maison du " Sho-goun " [2]. Enfant, il s'appela Toki-taro, puis il abandonna ce nom pour prendre celui de Tetsou-ji-ro. Sa vocation le poussant vers la peinture, il entra chez Katsou-kava Shoun-sho [3], qui lui en enseigna les premiers éléments et, à cette occasion, il adopta le surnom de Shoun-rô, dont il signa un grand nombre de ses premières estampes [4]. Mais, pour des motifs qu'on ignore, il fut un jour renié par son maître et conséquemment excommunié de son école. Il s'assimila la manière de Tawara-ya So-ri [5], se nomma Tawara-ya So-ri II [6] et fonda une école particulière qui compta un très grand nombre d'élèves. A une époque de sa vie [7], renonçant à l'art vulgaire, il se mit à étudier avec ardeur les peintres des anciennes écoles de la Chine et du Japon. Il apprit la " peinture japonaise " chez Soumi-yoshi Hiro-youki [8] et la peinture hollandaise chez Shi-ba ko-kan [9]. Le talent de Hokou-saï a été immense. Ses dessins, qu'ils représentent des palais, des temples, des personnages, des paysages, des plantes, des fleurs, des oiseaux ou d'autres animaux, aussi bien que des sujets de fan-

(1) Le Hon-djo est un quartier de Yé-do situé dans l'arrondissement de Katsou--shika ; de là l'origine du surnom, que prit Hokou-saï ou qu'il reçut de ses contemporains, qui l'appelaient Katsou-shika no Hokou-saï (Hokou-saï de Katsou--shika). Quant au nom de Hokou-saï, il le choisit, dit le livre C, parce qu'il adorait le dieu Hokou-shïn Mio-kën.

(2) Le livre A rapporte une tradition d'après laquelle Hokou-saï serait un fils naturel de Ko-bayashi Heï-hatchi, sujet du seigneur Ki-ra Kodzouké no souké. Ce seigneur Ki-ra est l'un des principaux personnages du fameux drame des Fidèles " ro-nïn ". C'est lui qui, étant ministre, insulte lâchement le seigneur Asa-no. Ce dernier se laisse aller à des voies de fait que la loi punit de mort et reçoit du gouvernement shogounal l'ordre de s'ouvrir le ventre (hara-kiri). Sa terre est confisquée et ses samouraï dispersés deviennent " ro-nïn ". Alors quarante-sept de ceux-ci, demeurés seuls entre tous fidèles à la mémoire de leur seigneur, organisent une vendetta contre Ki-ra. Durant des années, les événements les contraignent à remettre la punition du coupable. Enfin Ki-ra, attaqué par eux dans son " ya-shiki " (palais), qu'ils forcent malgré sa garnison imposante, est tué et sa tête offerte en expiation aux mânes de Asa-no. Leur vengeance accomplie, les quarante-sept " ro-nïn " fidèles sont condamnés à mort par le " Sho-goun " et font " hara-kiri ".

(3) Voir la biographie.

(4) « Du temps qu'il portait le nom de Shoun-ro, dit le livre C, il publiait des estampes représentant des acteurs ; il aimait aussi à travailler dans la manière de To-rïn Mago-ji. »

(5) TAWARA-YA était le surnom de ce peintre, dont on ignore le nom de famille et le nom personnel. Soumi-yoshi Hiro-mori lui apprit les premiers éléments de la peinture ; il étudia ensuite la manière de Ko-rïn, qu'il parvint à bien s'assimiler et prit le surnom de Seï-seï que Ko-rïn avait porté. La date de sa mort est inconnue. Il florissait dans la période qui comprend les " nën-go " de Meï-wa et de An-yeï (1764 à 1800).

(6) Sous le nom de So-ri, il a illustré beaucoup de " souri-mono " portant des poésies vulgaires.

(7) « La 10e année de Kwan-seï (1798), dit le livre C, ayant fondé une école particulière, il changea de nom et adopta ceux de Hokou-saï, Shin-seï et Raï-to. Sous ce nom de Hokou-saï, il fit des peintures vulgaires selon les principes des artistes chinois du temps de la dynastie des Mïn. Il est " l'ancêtre " du genre d' " ouki-yo-é " qui dérive des écoles chinoises anciennes et modernes. »

(8) SOUMI-YOSHI HIRO-YOUKI, surnommé Naï-ki et Keï-kïn-yën, était fils d'un peintre nommé Ita-ya Ka-to. Il devint l'élève de Soumi-yoshi Hiro-mori, qui le prit en affection et l'adopta. Hiro-youki, artiste de talent, fut attaché officiellement à la maison de Tokou-gava. Il étudia aussi la méthode de To-sa et ouvrit une école dont " l'idée du pinceau " fut très appréciée. Il mourut dans le 8e mois de la 8e année de Boun-ka (septembre 1811), âgé de 57 ans.

(9) Voir la vie de cet artiste, page 64.

SHI-BA KO-KAN

N° 173

KATSOU-SHIKA HOKOU-SAI
(Attribué à)

N° 206

KATSOU-SHIKA HOKOU-SAI
(attribué à)

N° 205

IS-SAI

N° 212

TANI BOUN-TCHO (Attribué à)

N° 150

taisie, sont toujours d'une admirable vérité. Parmi ses peintures les plus remarquables, on cite " le cortège nuptial des renards " et " l'expédition de Corée ", exécutés d'un pinceau très puissant. Durant deux ou trois ans, il a fait sur commande plusieurs centaines de dessins pour les Européens; mais cela fut ensuite défendu [1]. Il a dessiné beaucoup de portraits coloriés et illustré un nombre considérable de ces " livres de lecture ", qui furent très goûtés; ce genre de livre lui doit le grand développement qu'il a pris. Hokou-saï était à la tête des illustrateurs et n'avait pas son pareil pour dessiner finement en vue de la gravure. Il est impossible de citer un par un les quelques centaines de livres qu'il a illustrés. Il a rempli plusieurs dizaines de volumes rien que de modèles destinés à ses élèves, à qui le manque de temps ne lui eût pas permis d'en donner autrement. Lié d'amitié avec Taki-zava Ba-kïn, il a orné de ses compositions la plupart des romans de cet écrivain. Il a publié un ouvrage intitulé " Man-gwa " (esquisses), qui fut et est encore tenu en haute estime; on assure que des étrangers en ont fait tirer et vendu de nouvelles éditions [2]. Tous les genres ont été traités par lui de façon souveraine. Il disait lui-même qu'il n'y avait plus rien qu'il ne comprît et à quoi il ne se fût essayé dans l'art du dessin, depuis l'affiche du charlatan, celle du grand théâtre ou du théâtre de marionnettes jusqu'à la peinture à l'huile et au dessin des Occidentaux. Il n'était pas une méthode nouvelle, un procédé nouveau qu'il ne se fût assimilés. Son talent incomparable, fort prisé du " Sho-goun ", lui valut souvent l'honneur d'être appelé auprès de ce prince, qui s'amusait à lui commander des dessins impromptus [3]. La grande réputation de Hokou-saï lui avait attiré de nombreux élèves. Il lui en arrivait de partout, même de O-saka et de Kyo-to; car, de Na-go-ya, dans la province de Bi-Shiou jusqu'à Kyo-to et O-saka, personne ne pouvait rivaliser avec lui. Ses œuvres, tant en noir qu'en couleur, d'une élégance et d'une finesse merveilleuses, ressemblent à celles de Marouyama O-kio [4]; dans celles qu'il a exécutées à l'encre légère, il rappelle Tani-Boun-tcho [5]. Hokou-saï aurait tenu une plus grande place dans l'histoire de l'art de son pays, s'il eût fait de tels progrès, après avoir commencé par s'abreuver à l'une des grandes sources classiques : To-sa, Ka-no, Marou-yama ou Shi--djo. Il est probable qu'il l'eût alors emporté même sur O-kio et Boun-tcho [6]. Il a porté un grand nombre de noms ou surnoms [7] (en dehors de ceux que nous avons donnés

(1) C'est le livre C qui nous donne ce curieux détail.

(2) C'est encore au livre C que nous sommes redevables de cette information.

(3) « SHA-ZAN-WO, dit le livre C, raconte que Hokou-saï, invité un jour par le " Sho-goun " à improviser une grande peinture étala sur le sol une immense feuille de papier et y dessina, à l'aide d'une brosse, les deux pattes d'un coq avec de l'indigo. Il prit alors un vrai coq, lui trempa les pattes dans du rouge et le promena sur le papier. L'artiste obtint ainsi une vue automnale de la rivière appelée Tatsou-ta gava, qui arrose la province de Yama-to, non loin de Na-ra et est célèbre par les érables de ses rives. Les deux grands traits, qu'il avait tracés d'abord en forme de pattes de coq, représentaient le cours de la rivière et les taches rouges laissées par les pattes de l'oiseau vivant figuraient les feuilles d'érable charriées par les eaux. » On ne sera pas surpris, après le récit de cette anecdote, démontrant l'habileté extraordinaire de l'artiste à qui de tels moyens d'exprimer picturalement ses visions réussissaient, de lire dans une note du même livre C que Hokou-saï « usait à son choix de la main gauche aussi bien que de la droite » et qu' « il se servait de son ongle comme d'un pinceau pour puiser de l'encre et dessiner ». Le livre C ne nous donne ce dernier détail que comme un " on-dit "; mais il ajoute : « Il dessinait sur n'importe quel objet : mesure, bouteille, boîte, &c.. »; ce qui nous prouverait, si besoin était, l'extrême fécondité décoratrice, autant que de l'adresse du maître.

(4) Voir sa biographie, page 41.

(5) Voir la vie de ce peintre, page 55.

(6) Est-il besoin de dire que c'est le livre B, l'ouvrage semi-officiel, qui parle ainsi. Le seul reproche qu'il trouve à formuler contre Hokou-saï est dans d'avoir commencé par être un "peintre vulgaire" et d'être resté un indépendant. D'ailleurs B est obligé de reconnaître plus loin que « beaucoup de gens actuellement cherchent à acheter des dessins du maître ». A, livre tout à fait officiel pourtant, est hautement admiratif : « D'un pinceau puissant, dit-il, Hokou-saï donnait à ses dessins une grande intensité de vie. » Il ajoute même : « C'est le premier artiste des temps modernes. »

(7) Nous mettons par ordre alphabétique, pour plus de commodité, les noms ou surnoms donnés par nos trois auteurs; ceux-ci n'indiquent point à quelles époques successives le maître les a portés.

déjà), tels que Gwa-kyo-jïn [1], I-itsou [2], Ka-ko, Kïn-taï-sha [3], Man-ro-jïn, Raï-shïn, Raï-to [4], Ses-shïn, Shïn-seï, Taï-to [5], &c. L'habitude qu'il avait prise de céder constamment ses noms à ses élèves l'obligeait d'en adopter sans cesse de nouveaux [6]. Hokou-saï fonda une école particulière d'écriture. Il était poète aussi; il s'est distingué dans le genre "haï-kaï" et a écrit des poésies fantaisistes dans la manière de Sën-ro [7]. Il avait 90 ans, lorsqu'il s'éteignit le 13e jour du 4e mois de l'an II de Ka-yeï (mai 1849). On l'enterra au cimetière du temple Seï-kyo ji, dans le quartier de Asa-kousa, à Yé-do. Son nom posthume est Nan-so-ïn Ki-ya Hokou-saï Shïn-shi.

205. **Katsou-shika Hokou-saï.** (Attribué à). Le dieu Sarou-da hiko no daï-jïn, debout, tient à deux mains une pince de bois à laquelle sont attachées un certain nombre de feuilles de papier pliées, et l'élève au-dessus de sa tête. Sous ses cheveux blancs, le visage éclairé par deux yeux très vifs est agrémenté d'un nez d'une respectable longueur, souligné largement par une épaisse moustache. Ce dieu, qu'on retrouve assez souvent dans les ouvrages illustrés par Hokou-saï, est peint sur un fond noir. La couleur est brillante; la facture extrêmement soignée. La manière ressemble à celle des vieilles écoles chinoises, qu'affectionnait particulièrement le maître quand il représentait de tels personnages.

Kakémono sur papier. Haut. : 0m47; larg. : 0m195. Monture en vieilles soieries.

206. **Katsou-shika Hokou-saï.** (Attribué à). Une femme maîtrise un cheval fougueux Cette robuste gaillarde fait partie d'un groupe d'héroïnes connues sous le nom de "Foudji bakama" (m. à m. : femme-pantalon : c'est-à-dire : femmes dignes de porter ce vêtement qui, là-bas, est considéré, de même que chez nous, comme l'apanage du sexe fort). Celle que l'artiste a représentée ici arrête tout net un cheval indompté, en posant seulement le pied sur sa longe qui traîne à terre. C'est là un sujet que Hokou-saï a traité bien souvent.

Kakémono en couleurs sur soie. Haut. : 0m84; larg. : 0m345. Monture vieilles soies.

YANA-GAVA SHIGHÉ-NOBOU

1782-1832

Fils de Shi-ga Ris-saï, il se nommait Sou-zou-ki, et porta les surnoms de Shighé-nobou et Yana-gava. Natif de Yé-do, il demeura d'abord dans la rue Yana-gava [8]; plus tard, il alla s'installer à Né-ghishi, non loin de Yoko-hama. Élève de Hokou-saï, il devint le gendre de son maître, qui lui concéda peu après son surnom de Raï-to. Shighé-nobou s'en servit pour signer un certain nombre d'ouvrages illustrés. Il ne suivit pas toujours le principe de son premier maître; il goûta beaucoup

(1) Il céda ce nom à son élève Hokou-wo, qui dessinait des compositions destinées à la gravure.

(2) Quelques personnes prononcent à tort : Tamé-itchi.

(3) Il céda ce nom à son élève Hokou-sën, à qui il avait déjà donné précédemment celui de Hokou-saï et celui de Taï-to.

(4) Il céda ce nom à son élève Shighé-nobou, qui fut aussi son gendre.

(5) Lorsque le maître prit ce nom, il signa : "Taï-to, autrefois Hokou-saï". Nous avons vu, note 19, qu'il céda ensuite ce nom à Hokou-saï II, c'est-à-dire : Hokou-sën.

(6) Il avait cédé son nom de So-ri à son élève Fo-ji, qui devint So-ri III. Les notes précédentes indiquent d'autres cessions. Hokou-saï avait l'amour du changement en toutes choses. Le livre C nous apprend qu'il ne pouvait demeurer plus de deux mois dans la même maison.

(7) Nous savons, par le livre C, que Hokou-saï a écrit. « Dans le "nën-go" Kwan-sei (1789-1800), dit-il, il fit graver des ouvrages vulgaires et des livres illustrés, qu'il signait "de son nom d'écrivain" : Toki-taro Ka-ko et de son nom de peintre Gwa-kyo-jïn, Hokou-saï. »

(8) Ce fut pour cette raison qu'il adopta comme surnom Yana-gava.

KAVA-NABÉ KYO-SAI

N° 184

KA-NO MOTO-NOBOU

N° 14

TANI BOUN-TCHO

N° 149

INCONNU

N° 161

HOSO-DA YEI-SHI (Attribué à)

N° 172 bis

la manière de Nan-reï[1] et celle de Ghiokou-zan[2] et imita aussi la facture de Kouni--sada. Entre temps, il se livra à la confection des poupées; industrie dans laquelle il obtint un merveilleux succès. Shighé-nobou est mort dans le 11ᵉ mois de la 3ᵉ année de Tën-po (décembre 1832), à l'âge de 50 ans.

207. **Yana-gava Shighé-nobou.** Vêtus de " kimono " à grands carreaux et la figure couverte de masques de théâtre représentant des visages féminins, trois personnages ont pris des attitudes maniérées de l'effet le plus comique. Une poésie, écrite sur la partie gauche du panneau, donne le sens de cette plaisanterie à peu près en ces termes : « A l'époque de la floraison des cerisiers, quand vient le soir, on voit apparaître, dans le parc de Oué-no, de gracieux visages de femmes. » Ces gracieux visages ne sont, certes, rien moins que jolis; mais les trois drôles qui les portent sont fort amusants. Shighé-nobou a exécuté cette composition avec une verve humoristique bien digne du gendre du grand Hokou-saï, qui, lui aussi, encourageait volontiers la bonne humeur naturelle de son pinceau. Signé Yana-gava Shighé-nobou, en bas, à droite. Au-dessus, un cachet rouge, de forme ronde, porte : Yana-gava.

Petit panneau en couleur, sur soie. — Larg. : 0ᵐ85; haut. : 0ᵐ39. — La monture consiste en une bande d'or.

HOKOU-JIOU

Début du XIXᵉ Siècle

On ignore le nom de famille de cet artiste. On sait pourtant qu'il se nommait personnellement Kadzou-masa et qu'il porta le surnom de Sho-teï[3]. L'un des meilleurs élèves de Hokou-saï, ce maître s'est rendu particulièrement célèbre dans le genre de dessin nommé " Ouki-yé " (textuellement-dessin vivant ou réel) [4]. Hokou--jiou florissait durant les années de Boun-ka et Boun-seï (1804-1829)

208. **Hokou-jiou.** Près d'un cerisier en fleurs, entouré d'une palissade, une " djo-ro " (femme galante) passe, chaussée de ses hautes " ghéta " (sorte de soques) et vêtue de ses plus jolis " kimonos " (robes). Dans sa coiffure, on voit les grandes épingles qui sont l'indice traditionnel de sa condition. En bas, à droite, se trouve la signature : Sho-teï Hokou-jiou.

Kakémono sur papier, à l'encre. — Haut. : 0ᵐ82; larg. : 0ᵐ27,5. — Monture vieilles soies.

(1) KADZOURA-GHI NAN-REI, artiste d'un certain mérite, habitait Yé-do. Il est mort dans la 1ʳᵉ année de Ko-ka (1844), à l'âge de 70 ans.

(2) ISHII DA GHIOKOU ZAN, peintre de Ozaka, élève de Shitomi Kwan-ghet-sou, fonda lui-même une école particulière d'une certaine importance. Ce maître travaillait surtout pour l'illustration. On sait qu'il florissait durant les années de Kwan-seï (1789-1800).

(3) Son autre surnom Hokou-jiou fut pris par lui en devenant l'élève de Hokou-saï.

(4) Ces estampes représentent des vues de Yé-do. Elles sont surtout curieuses par leur perspective étendue et la présence des ombres portées, dont peu d'artistes japonais ont fait usage.

OUWO-YA HOK'-KEÏ

Début du XIXe Siècle

Il était poissonnier, comme son père. De là lui vient son surnom Ouwo-ya. Il commença d'apprendre la peinture chez Ka-no Yo-sën-ïn [1]; puis il entra chez Hokou-saï dont il devint le " grand élève " (c'est-à-dire le meilleur). Bientôt il cessa d'exercer son commerce pour se consacrer exclusivement à l'art. Son ancien métier lui avait fait donner son premier surnom; il prit le second en devenant l'élève de Hokou-saï, à qui il emprunta le premier caractère de son nom " Hokou " pour écrire le sien Hok'-keï [2]. Ainsi firent du reste la plupart des élèves du grand artiste. Célèbre surtout par ses dessins d'estampes, Hok'-keï fut aussi un poète distingué. On ignore la date exacte de sa mort; mais on est certain qu'elle arriva durant les années de Tën-po (1830-1843).

209. **Ouwo-ya Hok'-keï.** Drapés en de très amples costumes, deux " man-zaï ", assis l'un derrière l'autre, chantent en s'accompagnant l'un sur un " taï-ko " (sorte de tambourin), l'autre sur un triangle. Le grand élève de Hokou-saï s'est montré ici l'émule de son maître, qui n'eût certainement point donné un modelé plus délicat, un mouvement plus juste et une plus grande intensité de vie à ces deux personnages comiques. Signé, à gauche : Hok'-keï. Au-dessous, un petit cachet rouge porte : Ki-yën.

Panneau sur soie, encadré de vieilles soies. Larg. : 0^m 81; haut. : 0^m 53.

TEÏ-SAI HOKOU-BA

Première moitié du XIXe Siècle

Hokou-ba, natif de Yé-do, se nommait Ari-zaka, de son nom de famille. Il fut l'élève de Hokou-saï, à l'époque où celui-ci faisait suivre son nom de Rô-jïn (vieille personne); par conséquent, durant la vieillesse de l'illustre maître. On a peu de renseignements sur lui. On sait seulement qu'il illustra de nombreux ouvrages, fit de fort beaux dessins représentant de jolies femmes ou des sujets de fantaisie qu'il aimait à exécuter de la main gauche. Hokou-ba florissait durant les années de Tën-po (1830-1843).

(1) Voir la biographie de cet artiste, page 20.
(2) Cependant Hok'-keï avait d'autres noms; d'abord celui de sa famille : Iwa-koubo. Il s'appela aussi Hatsou-go-ro, Ki-yën, etc..

ITCHI-RIOU-SAI HIRO-SHIGHÉ

N° 180

OI WO-YA HOK-KEI

N° 209

ITCHI-RIOU-SAI HIRO-SHIGHÉ

N° 177

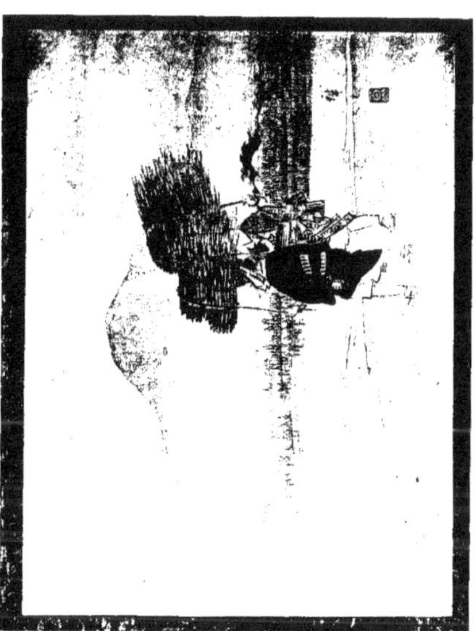

210. Teï-saï Hokou-ba. La scène représente trois personnages burlesques, du genre des " man-zaï ". L'un, à droite, porte sur l'épaule une branche de cerisier fleuri, à laquelle sont accrochées quelques " outa " (poésie écrite sur une bande de papier ou de soie étroite et longue, et une petite boîte maintenue par une cordelière. Celui du milieu porte devant lui, suspendue à son cou, une grande boîte recouverte d'un morceau de tissu. Il tient de chaque main une marionnette jouant des cymbales, qu'il fait danser pour la plus grande joie des enfants. L'homme de gauche, placé en face du premier, chante ou récite et s'accompagne en frappant une gourde de deux petites baguettes.) Signé : Teï-saï, en bas, à droite. Au-dessous, un cachet rouge porte : Teï-saï Hokou-ba.

Kakémono sur soie. Haut. : 0m86 ; larg. : 0m33. Monture en vieilles soies.

HOKOU-GA

Première moitié du XIXe Siècle

Cet artiste, dont on ignore le nom de famille, était de Yé-do, et y demeurait au quartier de Kyo-bashi. Tout ce qu'on sait de lui, c'est qu'il porta les noms vulgaires, ou surnoms, de Mi-ta et Sho-zabou-ro [1], qu'il fut l'élève de Katsou-shika Hokou-saï, et qu'il vécut fort pauvre [2]. Hokou-ga florissait dans les années de Tën-po (1830-1843).

211. Hokou-ga. Très finement exécutée en quelques tons légers, cette peinture nous montre des truites nageant dans un courant. Le dessin est fort habile et la couleur charmante. Signé à gauche : Hokou-ga, au-dessus de deux petits cachets rouges que nous n'avons pu déchiffrer.

Kakémono sur soie. Larg. : 0m46 ; haut. : 0m335. Monture vieilles soies.

KATSOU-SHIKA IS-SAÏ

XIXe Siècle

Shi-mizou était le nom de famille de cet artiste, qui porta aussi les surnoms de So-ji et de Soui-wo-kën. Il fut élève de Hokou-saï, probablement dans la vieillesse du maître. Tout ce qu'on sait de lui, c'est qu'il peignit avec talent, qu'il travailla surtout à l'illustration des livres, et qu'il habita Yé-do, d'abord dans un endroit appelé Mouko-jima, puis, vers 1868, à Koura-maé, dans le quartier de Asa-kousa.

(1) Il porta encore le surnom de Ho-teï.

(2) L'auteur de la vie de Hokou-saï, qui nous donne quelques détails sur Hokou-ga, dit : « Ce maître, bien qu'il fût très pauvre, conservait soigneusement « des couleurs de bonne qualité et était toujours heureux d'en donner. On le cite « comme un artiste doué d'un caractère plutôt original. »

212. **Katsou-shika Is-saï.** Ce kakémono, très étroit, représente un des cent huit héros du fameux " Souï-ko dèn " (histoire de Souï-ko), roman chinois traduit par Ba-kïn et illustré par Hokou-saï. Le personnage représenté est une sorte d'hercule aux formes puissantes, le torse et les jambes nus, ne portant pour tout vêtement qu'un morceau d'étoffe noire et un caleçon. Des deux mains il brandit au-dessus de sa tête une grosse barre de fer. Tout rappelle Hokou-saï dans cette composition : la manière de traiter les muscles et le vêtement, le geste du personnage, le coloris, &c. « N'était la signature placée au bas de cette œuvre large et puissante, on l'attribuerait sans hésiter, non à l'élève, mais au maître « lui-même, qui n'aurait pu certainement l'exécuter avec plus d'habileté (1). » Signé en bas, à droite : Hokou-is-saï.

Kakémono en couleurs sur papier. Haut. : 0m946; larg. : 0m175. Monture vieilles soieries tissées d'or.

213. **École de Hokou-saï.** Une jeune courtisane est assise, la figure de trois quarts, le corps de profil, au coin droit et inférieur d'un éventail, dont tout le reste du champ est rempli par une poésie. Encre rehaussée de couleur.

(1) Ces lignes traduisent textuellement l'opinion exprimée sur cette peinture par un des premiers artistes japonais contemporains.

TABLE
DES NOMS D'ARTISTES

Table des Noms d'Artistes

Droits de traduction et de reproduction réservés.

www.ingramcontent.com/pod-product-compliance
Lightning Source LLC
LaVergne TN
LVHW011944220826
846092LV00001B/78